Kurvenintegrale

und

Begründung der Funktionentheorie

Von

Dr. Lothar Heffter

Professor an der Universität Freiburg i. B.

Mit 7 Textfiguren

Berlin · Göttingen · Heidelberg

Springer-Verlag

1948

LOTHAR HEFFTER

Köslin 11. Juni 1862

ISBN 978-3-642-49635-6 ISBN 978-3-642-49929-6 (eBook)
DOI 10.1007/978-3-642-49929-6

**Veröffentlicht unter der Zulassungsnummer US-W-1093
der Nachrichtenkontrolle der Militärregierung**

Vorwort.

Die von Cauchy 1814 begründete Theorie der Funktionen einer komplexen Veränderlichen $z \equiv x + yi$ geht von gewissen Eigenschaften einer Funktion $f(z) \equiv u(x,y) + v(x,y)i$ aus, um daraus ihren analytischen Charakter, d. h. ihre Darstellung durch gewöhnliche Potenzreihen, zu gewinnen. Während aber Cauchy dazu die Existenz und *Stetigkeit* der Ableitung $f'(z)$ brauchte, bewies Goursat 1900, daß auf die *Stetigkeit* von $f'(z)$ verzichtet werden kann. In der vorliegenden Schrift wird auch die *Existenz* von $f'(z)$ noch ausgeschaltet und durch eine viel schwächere, aber unentbehrliche Bindung zwischen u und v ersetzt, um $u + vi$ zu einer analytischen Funktion von z zu machen. So wird hier ein Wunsch erfüllt, in dem sich Bolza, wie er dem Verfasser erzählte, 1912 in London mit Hilbert begegnete, daß nämlich auch die *Existenz* von $f'(z)$ durch geringere Voraussetzungen ersetzt werden sollte. Diese ganze, nunmehr abgeschlossene Entwicklung ist also reif für eine einheitliche selbständige Darstellung, die zugleich eine *Geschichte* der Begründung der Funktionentheorie ist. Nur so kommen auch die einzelnen Schritte, zumal der letzte hier von uns getane zur rechten Geltung.

Diese Darstellung braucht den, übrigens auch für Physik und Technik wichtigen Begriff des reellen und damit des komplexen *Kurvenintegrals*, weil er in den älteren Arbeiten über den „*Cauchyschen Integralsatz*" eine bedeutende Rolle spielt und bei uns erst nachträglich sich für die Begründung der Funktionentheorie als *völlig entbehrlich* erweist. Die Definition solcher Integrale, mit der wir deshalb beginnen müssen, kann aber gegen die meist gebräuchliche Art wesentlich abgeändert werden, was mannigfache Vereinfachungen ihrer Theorie zur Folge hat.

Das vorliegende Heft gibt eine zusammenfassende, vielfach bereinigte, teils gekürzte, teils erweiterte Darstellung von Arbeiten des Verfassers aus den Jahren 1902—1941 und enthält fast überall Wesentliches, was bisher noch nicht veröffentlicht ist. Es kann natürlich nicht als „Lehr*buch*", aber doch sehr zutreffend als ein die Lehrbücher der Funktionentheorie in ihren Grundlagen ergänzendes und deshalb eröffnendes „Lehr*heft*" bezeichnet werden.

Zur Bequemlichkeit für den *jüngeren Leser* — es kommen schon Studierende im zweiten Semester in Betracht — wird in einem vorbereitenden I. Kapitel das Wenige, was aus der Theorie der reellen Funktionen im Folgenden gebraucht wird, kurz zusammengestellt. Die Beweise der hier nur angeführten Sätze findet man in den Lehrbüchern der Analysis.

In den Kapiteln II—VI wird aber nicht nur der Anfänger, sondern auch der gereifte *Forscher* seine Rechnung finden. Er wird vielleicht auch für die Angaben des letzten VII. Kapitels über die *Originalliteratur* dankbar sein, obwohl sie trotz ihrer Reichhaltigkeit keinen Anspruch auf Vollständigkeit machen. Wer sich nur für die Begründung der Funktionentheorie interessiert, braucht die Lektüre erst mit Kap. V zu beginnen. Wer sich nur für deren einfachsten Weg interessiert, kann sich sogar auf Kap. VI und VII beschränken.

Freiburg i. Br. 1947. Lothar Heffter.

Inhaltsverzeichnis.

I. Vorkenntnisse aus der Theorie der reellen Funktionen.

1. Grenzwert einer unendlichen Folge.

Ist

$$a_0, \; a_1, \; a_2, \ldots, \; a_n, \ldots \tag{1}$$

eine *unendliche Folge* reeller Zahlen und a eine bestimmte endliche Zahl, für die der absolute Betrag

$$|a - a_n| < \varepsilon, \quad \text{sobald } n \geqq N_\varepsilon\,, \tag{2}$$

wo ε eine beliebig kleine und N_ε eine von ε abhängige hinreichend große positive ganze Zahl ist, so sagt man: *die unendliche Folge* (1) *konvergiert* oder *strebt gegen den Grenzwert* a und schreibt dafür

$$a = \lim_{n \to \infty} a_n \quad \text{oder} \quad a_n \longrightarrow a\,. \tag{3}$$

Hat die Folge (1) einen Grenzwert a, so folgt aus der Definition unmittelbar, daß

$$|a_n - a_{n+m}| < \varepsilon \tag{4}$$

für beliebig kleines ε, hinlänglich großes n, beliebig großes positives m. Man kann aber auch umgekehrt beweisen, daß sich aus (4) die Existenz eines bestimmten endlichen Grenzwertes der Folge (1) ergibt. (4) ist also *notwendig und hinreichend für die Existenz eines Grenzwertes der Folge* (1).

Die Folge (1) heißt *monoton*, wenn die Zahlen a_n mit wachsendem Index n stets wachsen (monoton *wachsende* Folge) oder stets abnehmen (monoton *abnehmende* Folge). Dann gilt der Satz: *Sind alle Zahlen einer monoton wachsenden Folge kleiner als eine feste endliche Zahl M* („obere *Schranke* der Folge“), *so besitzt die Folge einen Grenzwert* $a \leqq M$. In diesem Fall heißt der Grenzwert a auch *obere Grenze der Zahlenfolge* (1) oder *obere Grenze der Menge der Zahlen* a_n, abgekürzt $a = \overline{\mathit{fin}}\, a_n$. Hat man nämlich eine beliebige *Menge* (Vielheit) reeller Zahlen, die nicht wie die a_n in (1) „*abzählbar*“ zu sein brauchen, d. h. nicht den Zahlen 1, 2,... zugeordnet werden können, und sind alle Zahlen der Menge $\leqq a$, aber mindestens eine Zahl der Menge $> a - \varepsilon$ (ε eine beliebig kleine positive Zahl), so heißt a die *obere Grenze* ($\overline{\mathit{fin}}$) *der Menge*. Nur wenn a selbst der Menge angehört, ist es ihre größte Zahl.

Entsprechend für eine monoton abnehmende Folge, wobei die Begriffe *untere Schranke* und *untere Grenze* ($\underline{\mathit{fin}}$) auftreten.

2. Intervall. Grenzwert und Stetigkeit einer Funktion einer Veränderlichen.

Eine reelle Veränderliche x wird durch die Punkte einer geraden Linie (x-Achse) dargestellt. Ist $a < b$, so versteht man unter dem *offenen Intervall* (a, b) alle Werte von x, für die $a < x < b$, unter dem *abgeschlossenen Intervall* (a, b) alle Werte von x, für die $a \leqq x \leqq b$. Umfaßt das

Intervall (a, b) alle Werte von x, für die $a \leqq x < b$ oder $a < x \leqq b$, so heißt das Intervall einseitig abgeschlossen. Sind a und b *endliche* Zahlen, so heißt das offene oder abgeschlossene Intervall *beschränkt*. – Die Gesamtheit der Werte x eines Intervalles heißt ein *stetiger Wertbereich*, die Veränderliche x, deren Wertbereich ein Intervall ist, eine *stetige Veränderliche*.

Wenn die Veränderliche x eine Wertenfolge $x_1, x_2, x_3, \ldots$ ihres Wertbereichs durchläuft, die den Wert ξ nicht enthält, für die aber $\lim\limits_{n \to \infty} x_n = \xi$ ist, so sagt man auch: x strebt gegen den Grenzwert ξ, $\lim x = \xi$ oder $x \longrightarrow \xi$.

Ist — was uns hier genügt — x eine im Intervall (a, b) stetige Veränderliche und gehört zu jedem Wert von x in (a, b) ein reeller Wert einer zweiten Veränderlichen y, so heißt $y = f(x)$ eine in (a, b) *reelle Funktion von* x.

Ist ξ ein Wert aus (a, b), einschließlich a und b selbst, auch wenn (a, b) offen sein sollte, und strebt für *jede* dem Intervall (a, b) entnommene, ξ selbst nicht enthaltende, aber gegen ξ strebende Zahlenfolge die Folge der zugehörigen Werte von y gegen den Grenzwert η, so sagt man: $y = f(x)$ *strebt gegen den Grenzwert* η, *wenn* x *gegen den Grenzwert* ξ *strebt*, und schreibt

$$\lim_{x \to \xi} f(x) = \eta \,. \tag{5}$$

Bedeutet ferner ε eine *beliebig* kleine, δ eine *hinlänglich* kleine positive Zahl, so heißt die Funktion $f(x)$ *bei der Stelle* x_0 des Intervalles (a, b) *stetig*, wenn $f(x)$ für alle x in $(x_0 - \delta, x_0 + \delta)$ *einen eindeutig bestimmten endlichen Wert* hat und

$$|f(x) - f(x_0)| < \varepsilon, \quad \text{falls} \quad |x - x_0| < \delta \,. \tag{6}$$

Ist das Intervall (a, b) z. B. bei a abgeschlossen und gilt (6) bei $x_0 = a$ nur für Werte $x > a$, so heißt $f(x)$ bei $x_0 = a$ nur *inseitig stetig*. Entsprechend für $x_0 = b$.

Gleichwertig hiermit ist die Definition: Die Funktion $f(x)$ heißt *bei* x_0 *stetig, wenn sie in einem hinlänglich kleinen,* x_0 *umgebenden Intervall* $|x - x_0| < \delta$ *überall einen eindeutig bestimmten endlichen Wert hat und*

$$\lim_{x \to x_0} f(x) = f(x_0) \tag{7}$$

ist.

Die Funktion $f(x)$ heißt *in dem* (offenen oder abgeschlossenen) *Intervall* (a, b) *stetig*, wenn sie für jedes x_0 in (a, b) einen eindeutig bestimmten endlichen Wert hat und bei jedem x_0 die Bedingung (6) oder (7) erfüllt.

Die Funktion $f(x)$ heißt *in dem* offenen oder abgeschlossenen *Intervall* (a, b) *gleichmäßig stetig*, wenn die Bedingung (6) *bei demselben* ε *überall in* (a, b) *durch dasselbe* δ erfüllt ist. Dafür kann man auch sagen: Wenn für je zwei Werte x', x'' aus (a, b) $|f(x') - f(x'')| < \varepsilon$, sobald $|x' - x''| <$ als *dasselbe* δ *ist*. Es gilt aber der Satz: *Eine in dem beschränkten und abgeschlossenen Intervall* (a, b) *stetige, in* a *und* b *wenigstens inseitig stetige Funktion ist in* (a, b) *gleichmäßig stetig.*

Wir brauchen noch den Satz: *Ist* $y = f(x)$ *in dem abgeschlossenen Intervall* (a, b) *eindeutig bestimmt, endlich, stetig und monoton*, d. h. mit wachsendem x beständig wachsend oder beständig abnehmend, $f(a) = \alpha$,

$f(b)=\beta$, so besitzt sie eine inverse Funktion $x=h(y)$, die im Intervall (α, β) ebenfalls eindeutig bestimmt, endlich stetig und monoton und für die $h(\alpha)=a$, $h(\beta)=b$ ist.

3. Differentialquotient. Mittelwertsatz der Differentialrechnung.

Wenn der Differenzenquotient einer im Intervall (a, b) stetigen Funktion $f(x)$, gebildet für die dem Intervall angehörenden Werte x_0 und x_0+h, für $h \longrightarrow 0$, *wie auch* h sich dem Grenzwert 0 nähert, einen bestimmten endlichen Grenzwert hat, so heißt dieser der *Differentialquotient* $f'(x_0)$ von $f(x)$ bei $x=x_0$:

$$f'(x_0) = \lim_{h\to 0} \frac{f(x_0+h)-f(x_0)}{h}. \tag{8}$$

Existiert der Grenzwert als endliche bestimmte Zahl nur, wenn h *positiv* gegen 0 strebt, d. h. für $h \longrightarrow +0$, oder nur für $h \longrightarrow -0$, so hat $f(x)$ in x_0 nur einen *vorwärts* oder nur einen *rückwärts* genommenen Differentialquotienten. Erst wenn beide vorhanden und einander *gleich* sind, ist also $f(x)$ schlechthin oder *eindeutig differenzierbar*.

Mittelwertsatz: Hat $f(x)$ in dem abgeschlossenen Intervall (a, b) überall, in a und b selbst wenigstens inseitig, einen bestimmten endlichen Differentialquotienten, so gibt es zwischen a und b wenigstens einen bestimmten Wert ξ, für den

$$f(b)-f(a)=f'(\xi)\,(b-a). \tag{9}$$

4. Bestimmtes Integral.

(a, b), wobei $b > a$ angenommen werde, sei ein abgeschlossenes Intervall der x-Achse, das durch die monotone Folge

$$x_0 \equiv a < x_1 < x_2 < x_3 < \cdots < x_{n-1} < x_n \equiv b$$

in n Teilintervalle (x_{k-1}, x_k) zerlegt werde. In diesen Teilintervallen werden die Werte $\xi_1, \xi_2, \ldots, \xi_n$ beliebig gewählt. Wenn dann die Summe

$$\sum_1^n{}^k f(\xi_k)\,(x_k - x_{k-1})$$

für $n \longrightarrow \infty$ und alle $(x_k - x_{k-1}) \longrightarrow 0$ einem bestimmten endlichen Grenzwert zustrebt, wie auch die ersten und die dann immer zahlreicher werdenden Teilpunkte gewählt werden, so heißt dieser Grenzwert das *bestimmte Integral* von $f(x)$ zwischen den Grenzen a und b:

$$\int_a^b f(x)\,dx = \lim_{n\to\infty} \sum_1^n{}^k f(\xi_k)\,(x_k - x_{k-1}). \tag{10}$$

Es läßt sich aber beweisen: Ist $f(x)$ in (a, b) *stetig*, also nach Art. 2. gleichmäßig stetig, so existiert das Integral (10). — Ist $f(x)$ in (a, b) nicht überall stetig, aber *beschränkt*, d. h. $|f(x)| < M$, eine von x unabhängige endliche positive Zahl, und bezeichnet ε_k die Maximalschwankung von $f(x)$ im Intervall (x_{k-1}, x_k), d. h. den absoluten Betrag der

Differenz zwischen $\underline{fin}\, f(x)$ und $\overline{fin}\, f(x)$ in diesem Intervall, so existiert das Integral dennoch, wenn

$$\lim_{n\to\infty} \sum_{1}^{n}{}^{k}\, \varepsilon_k (x_k - x_{k-1}) = 0\,. \tag{11}$$

$f(x)$ heißt in diesem Fall nach Riemann im Intervall (a, b) *integrierbar*, und $f(\xi_k)$ braucht dann in (10) gar nicht einen Funktionswert von $f(x)$ zu bedeuten, sondern nur einen beliebigen Wert zwischen der unteren und der oberen Grenze der Funktionswerte von $f(x)$ in (x_{k-1}, x_k). Bei einer stetigen Funktion $f(x)$ ist die Bedingung (11) stets erfüllt, weil hier alle $\varepsilon_k = \varepsilon$ gesetzt werden können, wenn alle Differenzen $x_k - x_{k-1} < \delta$ sind.

5. Mittelwert (arithmetisches Mittel) der integrierbaren Funktion $f(x)$ im Intervall (a, b).

So heißt das durch die Größe des Integrationsintervalles dividierte Integral

$$f_{ab}(x) \equiv \frac{1}{b-a} \int_a^b f(x)\, dx\,. \tag{12}$$

Ist $f(x)$ in (a, b) *stetig*, so ist leicht zu zeigen, daß es einen gewissen Wert ξ in (a, b) gibt, für den

$$f_{ab}(x) = f(\xi) = \frac{1}{b-a} \int_a^b f(x)\, dx\,. \tag{13}$$

6. Unbestimmtes Integral und Fundamentalsatz der Integralrechnung.

Ist $\frac{dF(x)}{dx} = f(x)$, so heißt

$$F(x) \equiv \int f(x)\, dx \tag{14}$$

ein *unbestimmtes Integral von* $f(x)$. Dann besagt der „*Fundamentalsatz*“: *Existiert das bestimmte Integral* $\int_a^b f(x)\,dx$, *sowie in* (a, b) *ein unbestimmtes Integral* $F(x)$ *und hat* $f(x)$ *in* (a, b) *überall einen eindeutig bestimmten endlichen Wert, so ist*

$$\int_a^b f(x)\, dx \equiv \int_a^b \frac{dF(x)}{dx}\, dx = F(b) - F(a)\,. \tag{15}$$

7. Integral eines Produktes.

a) Sind $f(x)$ und $g(x)$, also auch ihr Produkt, im Intervall (a, b) *stetig*, so kann man bei der Bildung des Integrals von $f(x)\, g(x)$ nach (10) in f und g je einen beliebigen Wert ξ_k, bzw. ξ_k' wählen, so daß

$$\int_a^b f(x)\, g(x)\, dx = \lim_{n\to\infty} \sum^{n}{}^{k} f(\xi_k)\, g(\xi_k')\, (x_k - x_{k-1})\,. \tag{16}$$

Ist nämlich $g(\xi'_k)=g(\xi_k)+d_k$, so ist wegen der gleichmäßigen Stetigkeit von $g(x)$ in (a, b) für alle Werte von k $|d_k|<\varepsilon$, d. h. beliebig klein, sobald alle Intervalle $x_k - x_{k-1} < \delta$, d. h. hinlänglich klein sind. Bezeichnet also M den endlichen Maximalwert von $|f(x)|$ in (a, b), so ist

$$\left|\sum_1^n {}^k f(\xi_k)\, g(\xi'_k)(x_k - x_{k-1}) - \sum_1^n {}^k f(\xi_k)\, g(\xi_k)\,(x_k - x_{k-1})\right| < \varepsilon\, M(b-a), \quad (17)$$

d. h. die beiden links stehenden Summen haben denselben Grenzwert.

b) Der *Cauchysche Mittelwertsatz:* Sind $f(x)$ und $g(x)$ im Intervall (a, b) *stetig* und $g(x)$ *ohne Vorzeichenwechsel*, so ist

$$\int_a^b f(x)\, g(x)\, dx = f(\xi) \int_a^b g(x)\, dx\,, \quad (18)$$

wo ξ ein Wert aus dem Intervall (a, b) ist.

8. Paare von reellen Veränderlichen.

Die Wertepaare zweier reeller Veränderlicher x, y werden durch die Punkte einer Ebene dargestellt, wenn in dieser z. B. durch zwei aufeinander senkrechte Koordinatenachsen mit einander gleichen Längeneinheiten ein *gleichseitig orthogonales Koordinatensystem* eingeführt ist. Durch dieselben Punkte werden später die komplexen Zahlen $x+yi$ $(i \equiv \sqrt{-1})$ dargestellt. Als Bild *aller* Paare x, y hat man also die *Menge aller Punkte der Ebene.*

Eine *Teilmenge* dieser Punkte heißt *beschränkt*, wenn für alle ihre Punkte $|x|$ und $|y| < M$, eine feste positive endliche Zahl, ist.

Umgebung eines Punktes x_0, y_0 heißt die Gesamtheit der Punkte x, y, für die

$$(x-x_0)^2 + (y-y_0)^2 < \delta\,,$$

wo δ irgendeine von Null verschiedene positive Zahl ist.

Innere oder *Stetigkeitspunkte* einer Menge sind solche, bei denen auch alle Punkte einer hinlänglich kleinen Umgebung der Menge angehören, *Grenz-* oder *Randpunkte*, solche, deren noch so kleine Umgebung sowohl Punkte der Menge als auch ihr nicht angehörende enthält.

Eine Menge von Punkten x, y, die *nur innere* Punkte enthält, ist eine *offene Punktmenge.* Sie heißt dann speziell *zusammenhängend*, wenn man je zwei ihrer Punkte durch einen ganz innerhalb der Menge verlaufenden, aus lauter geradlinigen Teilen bestehenden Streckenzug miteinander verbinden kann. Eine solche Menge nennen wir ein *zusammenhängendes offenes Gebiet G* in der xy-Ebene. Fügen wir diesem die Gesamtheit der Grenz- oder Randpunkte, kurz die *Begrenzung* oder den *Rand* der Teilmenge, hinzu, so entsteht ein *abgeschlossener* zusammenhängender *Bereich.* Das offene Gebiet wie der abgeschlossene Bereich heißen *stetige Wertbereiche* des Paares x, y.

Wir werden es im folgenden hauptsächlich mit solchen beschränkten, abgeschlossenen, zusammenhängenden Bereichen zu tun haben, deren

Begrenzung aus einer oder einer endlichen Anzahl von derartigen *einfach geschlossenen Kurven* besteht, deren jede die ganze Ebene oder die ganze Punktmenge x, y in zwei getrennte Teile zerlegt. Der Bereich heißt *einfach* oder *n-fach zusammenhängend*, wenn seine vollständige Begrenzung aus einer oder aus n solchen einfach geschlossenen, einander nicht schneidenden Kurven besteht.

9. Stetigkeit einer Funktion von zwei Veränderlichen.

Eine reelle Funktion von zwei reellen Veränderlichen x, y

$$z = f(x, y) \tag{19}$$

heißt *bei der Stelle* x_0, y_0 des stetigen Wertbereichs von x, y *stetig*, besser *total stetig*, wenn für alle x, y einer hinlänglich kleinen Umgebung von x_0, y_0, d. h. für alle x, y, für die

$$(x - x_0)^2 + (y - y_0)^2 < \delta \quad (\delta \textit{ hinlänglich } \text{klein}), \tag{20}$$

$f(x, y)$ einen bestimmten endlichen Wert hat und

$$|f(x, y) - f(x_0, y_0)| < \varepsilon \quad (\varepsilon \textit{ beliebig } \text{klein}). \tag{21}$$

Gleichwertig ist wieder die Definition: Wenn für alle Wertepaare x, y einer hinlänglich kleinen Umgebung von x_0, y_0 (20), in der $f(x, y)$ überall einen eindeutig bestimmten endlichen Wert hat,

$$\lim_{x \to x_0,\, y \to y_0} f(x, y) = f(x_0, y_0) \tag{22}$$

ist.

Die so definierte totale Stetigkeit von $f(x, y)$ bei x_0, y_0 heißt auch *zweidimensional* im Gegensatz zu einer nur *eindimensionalen* Stetigkeit, wenn $f(x, y)$ die Stetigkeitsbedingung nur für alle x, y erfüllt, die auf einer x_0, y_0 enthaltenden Kurve hinlänglich nahe bei x_0, y_0 liegen, insbesondere also zu einer nur *achsenparallelen* oder *partiellen* Stetigkeit. Aus der totalen Stetigkeit bei x_0, y_0 folgt die partielle in beiden Achsenrichtungen, nicht umgekehrt.

$z = f(x, y)$ heißt *in einem Bereich G stetig*, wenn sie überall in G einen eindeutig bestimmten endlichen Wert hat und bei jedem x_0, y_0 des Bereiches G die Bedingung (21) oder (22) erfüllt ist.

$z = f(x, y)$ heißt *in dem offenen Gebiet oder abgeschlossenen Bereich G gleichmäßig stetig*, wenn sie in G stetig ist und die Bedingung (21) *überall* in G bei *demselben* ε durch *dasselbe* δ erfüllbar ist, wenn also δ nur von ε und nicht von der einzelnen Stelle x_0, y_0 in dem Bereich abhängt. Dafür kann man auch sagen: wenn für je zwei Wertepaare x', y' und x'', y'' des Bereiches $|f(x', y') - f(x'', y'')| < \varepsilon$, sobald $|x' - x''|$ und $|y' - y''| <$ als *dasselbe* δ sind.

Auch hier gilt der Satz: *Eine in dem beschränkten und abgeschlossenen Bereich G einschließlich des Randes, dort wenigstens inseitig, stetige Funktion ist in G gleichmäßig stetig.*

10. Totale und partielle Differenzierbarkeit einer Funktion $f(x, y)$.

Man sagt: *Eine Funktion $f(x, y)$ besitzt bei der Stelle x_0, y_0 ein totales erstes Differential $df \equiv f_1 dx + f_2 dy$*, oder kürzer, *sie ist dort total differenzierbar*, wenn die partiellen Ableitungen

$$\frac{\partial f(x, y)}{\partial x} \equiv f_1(x, y), \quad \frac{\partial f(x, y)}{\partial y} \equiv f_2(x, y) \tag{23}$$

für x_0, y_0 mit eindeutig bestimmten endlichen Werten existieren, d. h. wenn f bei x_0, y_0 in beiden Achsenrichtungen *partiell differenzierbar* ist und *außerdem*

$$\left.\begin{array}{l} |f(x, y) - f(x_0, y_0) - (x - x_0)\, f_1(x_0, y_0) - (y - y_0)\, f_2(x_0, y_0)| \\ \qquad < \varepsilon\,(|x - x_0| + |y - y_0|) \\ \quad \text{für } |x - x_0| < \delta, \quad |y - y_0| < \delta, \end{array}\right\} \tag{24}$$

wo, wie immer, ε eine *beliebig*, δ eine *hinlänglich* kleine positive Zahl ist.

Aus der totalen Differenzierbarkeit (24) folgt für $y = y_0$, bzw. $x = x_0$ die partielle in beiden Achsenrichtungen, nicht umgekehrt. *Sind aber f_1, f_2 total stetig, so ist f auch total differenzierbar.* Denn dann ist nach dem Mittelwertsatz der Differentialrechnung

$$\left.\begin{array}{l} f(x+h, y+k) - f(x, y) - hf_1(x, y) - kf_2(x, y) \\ \quad \equiv f(x+h, y+k) - f(x+h, y) + f(x+h, y) - f(x, y) - \\ \quad\quad - hf_1(x, y) - kf_2(x, y) \\ \quad = kf_2(x+h, \eta) + hf_1(\xi, y) - hf_1(x, y) - kf_2(x, y) \\ \qquad\qquad [\xi \text{ in } (x, x+h), \ \eta \text{ in } (y, y+k)] \\ \quad = h\,[f_1(\xi, y) - f_1(x, y)] + k\,[f_2(x+h, \eta) - f_2(x, y)]\,. \end{array}\right\} \tag{25}$$

Also

$$\left.\begin{array}{l} |f(x+h, y+k) - f(x, y) - hf_1(x, y) - kf_2(x, y)| < \varepsilon(|h| + |k|) \\ \quad \text{für } |h| \text{ und } |k| < \delta, \end{array}\right\} \tag{26}$$

wo ε eine beliebig, δ eine hinlänglich kleine positive Zahl ist. D. h. Gleichung (24) ist erfüllt.

II. Stetige rektifizierbare ebene Kurven*.

11. Stetige reelle Funktionen mit beschränkter Schwankung.

Die reellen Funktionen der reellen Veränderlichen t

$$x = \varphi(t), \quad y = \psi(t) \tag{1}$$

seien in dem abgeschlossenen Intervall (t_0, T), wobei $t_0 < T$, überall eindeutig bestimmt, endlich und *stetig*. Außerdem seien sie von *beschränkter Schwankung*; d. h. wenn der monotonen Folge

$$t_0 < t_1 < t_2 < \cdots < t_{n-1} < t_n \equiv T \tag{2}$$

* Kap. II und III sind eine eingreifende Umarbeitung von Abschnitt I der Abhandlung des Verfassers in den Gött. Nachr. 1902.

nach (1) die Werte entsprechen

$$\left.\begin{aligned} x_0 &\equiv a,\ x_1,\ x_2,\ \ldots,\ x_{n-1},\ x_n \equiv b\,, \\ y_0 &\equiv \alpha,\ y_1,\ y_2,\ \ldots,\ y_{n-1},\ y_n \equiv \beta\,, \end{aligned}\right\} \tag{3}$$

so sollen stets, auch wenn $n \longrightarrow \infty$ und alle t-Differenzen, also wegen der Stetigkeit der Funktionen (1) auch alle x-Differenzen und alle y-Differenzen $\longrightarrow 0$ konvergieren, die Summen

$$\left.\begin{aligned} &\sum_1^n{}^k |x_k - x_{k-1}| < M, \quad M \text{ eine endliche positive Zahl,} \\ &\sum_1^n{}^k |y_k - y_{k-1}| < N, \quad N \text{ eine endliche positive Zahl,} \end{aligned}\right\} \tag{4}$$

bleiben. M und N sollen also endliche obere Schranken dieser Summen sein.

Die Gleichungen (1) stellen eine *stetige reelle Kurve* C dar, deren Anfangspunkt A die Koordinaten a, α, deren Endpunkt B die Koordinaten b, β hat, und auf der zwischen A und B der Reihe nach die Punkte $P_k(x_k, y_k)$ liegen. Die Reihenfolge der Punkte P_k auf C wird durch die Monotonie der t_k-Folge bestimmt, wobei es nicht ausgeschlossen sei, daß ein Punkt P_k mit einem Punkt P_l zusammenfällt, die Kurve C zwischen A und B also Doppelpunkte besitzt.

12. Rektifizierbarkeit dieser Kurven.

Ist die Kurve C zwischen A und B ein *Streckenzug*, d. h. besteht sie aus einer endlichen Anzahl geradliniger, aneinander stoßender Strecken, so hat sie natürlich eine bestimmte *Länge*, nämlich die Summe der Längen der Einzelstrecken. Dieser Fall kann also ausgeschlossen werden; ebenso der, daß die Kurve zum Teil aus geradlinigen Strecken besteht. Dann heißt die Kurve in dem allgemeinen Fall zwischen A und B *rektifizierbar*, wenn *jedes* Sehnenpolygon

$$S_n \equiv \sum_1^n{}^k P_{k-1}\,P_k \equiv A\,P_1 + P_1\,P_2 + \cdots + P_{n-1}\,B\,, \tag{5}$$

wie auch die Eckpunkte $P_1, P_2, \ldots, P_{n-1}$ der Reihe nach auf C zwischen A und B gewählt werden, für $n \longrightarrow \infty$ und Konvergenz aller t-Differenzen, also aller Sehnen $P_{k-1}\,P_k \longrightarrow 0$ *ein und dieselbe bestimmte endliche obere Grenze* L hat, die man die *Bogenlänge der Kurve* C *von* A *bis* B nennt.

Geht man nun von einer bestimmten Wahl der $n-1$ Zwischenpunkte $P_1, P_2, \ldots, P_{n-1}$ auf C aus und vergrößert n durch Einschiebung immer neuer Eckpunkte zwischen jene, und zwar so, daß alle ursprüngliehen Sehnen durch immer kleinere ersetzt werden, so vergrößert man im allgemeinen S_n und erhält bei fortgesetzter Wiederholung dieses Verfahrens eine unendliche, monoton wachsende oder doch nie abnehmende Folge $S_n \leqq S_{n_1} \leqq S_{n_2} \leqq \ldots$, wo $n < n_1 < n_2 < \ldots$ — Andererseits ist im allgemeinen $P_{k-1}\,P_k < |x_k - x_{k-1}| + |y_k - y_{k-1}|$ und jedenfalls für schon hinlänglich großes n wegen des oben erfolgten Ausschlusses geradliniger Strecken

$$S_n < \sum_1^n{}^k |x_k - x_{k-1}| + \sum_1^n{}^k |y_k - y_{k-1}| , \tag{6}$$

also nach (4) für alle $n, n_1, n_2, \ldots$

$$S_{n_i} < M + N . \tag{7}$$

Dann besitzt aber nach Art. 1 die unendliche Folge $S_n, S_{n_1}, \ldots$ bei gleichzeitiger Konvergenz aller Sehnen gegen Null eine bestimmte obere Grenze $L \leqq M + N$.

(Derselbe Schluß träfe zwar auch zu, wenn *nicht* alle Sehnen $\longrightarrow 0$ konvergierten, sondern eine oder mehrere entweder von Anfang an ungeändert blieben oder die sie ersetzenden kleineren nicht sämtlich unter eine bestimmte Grenze herabsänken. Dann würde sich aber eine obere Grenze $< L$ ergeben und wegen der Mannigfaltigkeit jener Möglichkeiten eine völlig unbestimmte. Zu einer *bestimmten* oberen Grenze kommt man also von der getroffenen Wahl der ersten Eckpunkte aus nur dann, wenn *alle* Sehnen $\longrightarrow 0$ konvergieren. Und dies tritt wieder wegen der Stetigkeit der Funktionen (1) sicher ein, wenn alle t-Differenzen $\longrightarrow 0$ konvergieren.)

Für hinlänglich großes n_i ist also, wenn ε eine beliebig kleine positive Zahl, $L - \varepsilon < S_{n_i} < L$ oder

$$L = S_{n_i} + \vartheta \cdot \varepsilon \qquad (0 < \vartheta < 1) . \tag{8}$$

Geht man nun von einer andern Wahl von $m - 1$ Eckpunkten P_k' zwischen A und B auf C aus, so gilt für die Summe

$$S_m' \equiv \sum_1^m{}^k P_{k-1}' P_k' \tag{9}$$

bei fortgesetzter Vergrößerung von m durch Einschiebung neuer Eckpunkte das Entsprechende, d.h. die monotone Folge $S_m' \leqq S_{m_1}' \leqq S_{m_2}' \leqq \ldots$ hat bei Nullkonvergenz aller jetzigen Sehnen eine bestimmte endliche obere Grenze L' und für hinlänglich großes m_i ist

$$L' = S_{m_i}' + \vartheta' \varepsilon \qquad (0 < \vartheta' < 1) . \tag{10}$$

Nun gilt Formel (8) auch, wenn man zu den n_i Eckpunkten von S_{n_i} noch weitere hinzufügt, z. B. noch alle in S_{m_i}' außer jenen auftretenden, ebenso Formel (10), wenn man zu den m_i Eckpunkten von S_{m_i}' noch alle außer diesen in S_{n_i} auftretenden hinzufügt. Dadurch werden aber die beiden Summen einander gleich, und die Subtraktion von (8) und (10) ergibt

$$L - L' = \varepsilon (\vartheta - \vartheta'), \quad \text{d. h.} \quad L' = L . \tag{11}$$

Damit ist gezeigt, daß

$$\lim_{n \to \infty} \sum^n{}^k P_{k-1} P_k = L , \tag{12}$$

wie auch die Eckpunkte $P_1, P_2, \ldots$ auf C gewählt werden, wenn nur mit $n \to \infty$ auch alle t-Differenzen, also alle Sehnenlängen $\to 0$ konvergieren. D.h. *die Kurve C hat die bestimmte Bogenlänge L* und heißt deshalb *rektifizierbar.*

Umgekehrt folgt aus der Rektifizierbarkeit von C die beschränkte Schwankung der Funktionen (1). Denn stets ist

$$P_{k-1}\,P_k \geqq |x_k - x_{k-1}| \text{ und } P_{k-1}\,P_k \geqq |y_k - y_{k-1}|,$$

$$\text{also } S_n \geqq \sum_1^n{}_k\, |x_k - x_{k-1}| \text{ und } S_n \geqq \sum_1^n{}_k\, |y_k - y_{k-1}|.$$

Ist aber C rektifizierbar mit der Länge L, so ist $S_n \leqq L$, also

$$\sum_1^n{}_k\, |x_k - x_{k-1}| \leqq L \text{ und } \sum_1^n{}_k\, |y_k - y_{k-1}| \leqq L.$$

13. Folgerungen aus der Stetigkeit von C.

Aus der Stetigkeit von $\varphi(t)$ und $\psi(t)$ in dem abgeschlossenen Intervall (t_0, T) folgt nach Art. 2 ihre gleichmäßige Stetigkeit in diesem Intervall. Ist also t_c irgendein Wert von t aus dem Intervall (t_0, T), so ist, wenn wieder ε eine beliebig kleine, δ eine hinlänglich kleine, von der Wahl von t_c unabhängige, positive Zahl bedeutet,

$$\left.\begin{array}{l}|\varphi(t) - \varphi(t_c)| < \varepsilon \\ |\psi(t) - \psi(t_c)| < \varepsilon\end{array}\right\} \text{ für } |t - t_c| < \delta. \tag{13}$$

Ist nun

$$\bar{t}_k \equiv \tfrac{1}{2}\,(t_{k-1} + t_k), \tag{14}$$

$\bar{x}_k, \bar{y}_k$ der zugehörige Punkt $\bar{P}_k$ von C, d.h.

$$\bar{x}_k = \varphi(\bar{t}_k), \quad \bar{y}_k = \psi(\bar{t}_k), \tag{15}$$

und sind alle Differenzen

$$(t_k - t_{k-1}) < \delta, \tag{16}$$

so liegen alle Kurvenpunkte von C, die zu Werten von t aus dem Intervall (t_{k-1}, t_k) gehören, nach (13) in dem Quadrat $[k]$ mit dem Mittelpunkt $\bar{P}_k(\bar{x}_k, \bar{y}_k)$ und der Seitenlänge $2\,\varepsilon$; d.h. *die Kurve C verläuft von P_{k-1} bis P_k ganz innerhalb dieses Quadrates $[k]$.* (Fig. 1.)

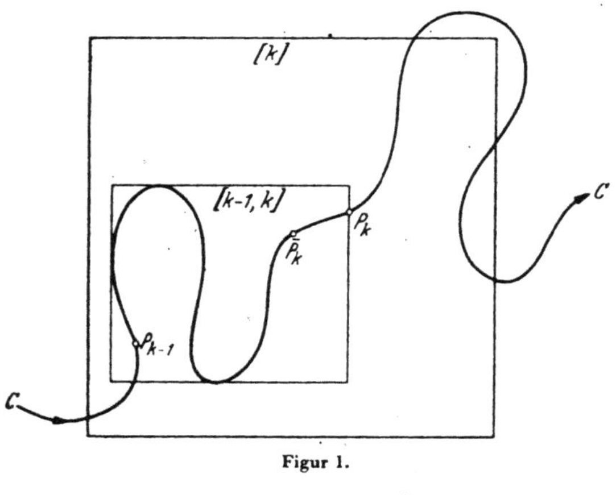

Figur 1.

Das Stück der Kurve C von P_{k-1} bis P_k rahmen wir nun durch ein achsenparalleles Rechteck $[k-1, k]$ ein, dessen der y-Achse parallele Seiten durch den kleinsten und größten x-Wert, dessen der x-Achse parallele Seiten durch den kleinsten und größten y-Wert auf dem Kurvenstück bestimmt werden. Das Rechteck $[k-1, k]$ ragt also nirgends über das Quadrat $[k]$ hinaus, und die Kurve C tritt von P_{k-1} bis P_k nirgends aus dem Rechteck $[k-1, k]$ heraus.

III. Das Kurvenintegral $\oint\limits_{a,\alpha}^{b,\beta} (f(x,y)\,dx + g(x,y)\,dy)$.

14. Existenz bei Stetigkeit von $f(x,y)$ und $g(x,y)$.

$f(x, y)$ und $g(x, y)$ seien in dem abgeschlossenen beschränkten Bereich G eindeutig bestimmte, endliche, reelle, total stetige, also nach Art. 9 gleichmäßig stetige Funktionen der beiden reellen Veränderlichen x, y. Die stetige rektifizierbare Kurve C verlaufe von A mit den Koordinaten a, α bis B mit den Koordinaten b, β ganz im Innern des Bereiches G.

Haben dann die t_k; x_k, y_k; $\bar{x}_k, \bar{y}_k$; $[k]$ und $[k-1, k]$ dieselbe Bedeutung wie im vorigen Artikel, so wählen wir ξ_k, η_k, ebenso $\bar{\xi}_k, \bar{\eta}_k$ als *beliebige Punkte in den Rechtecken* $[k-1, k]$. Diese Punkte liegen also *nicht notwendig* auf C selbst (wie es sonst meist gefordert wird), aber die Kurvenpunkte zwischen P_{k-1} und P_k gehören zu den erlaubten. Dann bilden wir die Summe

$$S \equiv \sum_1^n {}^k f(\xi_k, \eta_k)\,(x_k - x_{k-1}) + \sum_1^n {}^k g(\bar{\xi}_k, \bar{\eta}_k)\,(y_k - y_{k-1}) \qquad (1)$$

und setzen abkürzend

$$S \equiv Sf + Sg\,. \qquad (2)$$

Nunmehr haben wir zu zeigen, daß Sf und Sg, also S, für $n \longrightarrow \infty$, wenn zugleich alle Differenzen $t_k - t_{k-1} \longrightarrow 0$ konvergieren, gegen einen bestimmten endlichen Grenzwert konvergiert, und führen diesen Beweis zunächst für Sf.

Dazu teilen wir die t-Intervalle in Unterintervalle, z. B. (t_{k-1}, t_k) in n' solche, deren Teilpunkten die Kurvenpunkte auf C entsprechen

$$x_{kk'},\ y_{kk'}, \qquad (k' = 0, 1, 2, \ldots, n') \qquad (3)$$

wobei
$$x_{k0} \equiv x_{k-1};\ y_{k0} \equiv y_{k-1};\ x_{kn'} \equiv x_k;\ y_{kn'} \equiv y_k\,.$$

Diese neuen Teilpunkte und alle die kleineren Rechtecke, die die durch sie bestimmten Kurventeilstücke einrahmen, liegen sämtlich in dem Rechteck $[k-1, k]$, also in dem Quadrat $[k]$. In diesen kleineren Rechtecken wählen wir beliebig die Punkte $\xi_{kk'}, \eta_{kk'}$, und bilden die Summe

$$S_1 f \equiv \sum_1^n {}^k \sum_1^{n'} {}^{k'} f(\xi_{kk'}, \eta_{kk'})\,(x_{kk'} - x_{kk'-1})\,. \qquad (4)$$

Ist nun γ eine beliebig kleine positive Zahl, so kann wegen der gleichmäßigen Stetigkeit von $f(x, y)$ in G und weil C ganz innerhalb G verläuft, ε hinlänglich klein und dazu δ hinlänglich klein, also $t_k - t_{k-1} < \delta$, so bestimmt werden, daß innerhalb des Quadrates $[k]$ $f(x, y)$ um weniger als γ schwankt. Also ist

$$f(\xi_k, \eta_k) - \gamma < f(\xi_{kk'}, \eta_{kk'}) < f(\xi_k, \eta_k) + \gamma \tag{5}$$

oder

$$\left.\begin{array}{l} f(\xi_{kk'}, \eta_{kk'}) = f(\xi_k, \eta_k) + \gamma\,\vartheta_{kk'} \quad (-1 < \vartheta_{kk'} < +1) \\ (k' = 1, 2, \ldots, n'; \; k = 1, 2, \ldots, n). \end{array}\right\} \tag{6}$$

Durch Komposition dieser Gleichungen mit allen Differenzen $x_{kk'} - x_{kk'-1}$ (d. h. Multiplikation und nachherige Addition) folgt

$$S_1 f = Sf + \gamma \sum_{k,\,k'} \vartheta_{kk'} (x_{kk'} - x_{kk'-1}), \tag{7}$$

also

$$|S_1 f - Sf| < \gamma \sum_{k,\,k'} |x_{kk'} - x_{kk'-1}|, \tag{8}$$

mithin nach II. (4)

$$|S_1 f - Sf| < \gamma M \text{ für hinlänglich kleines } \delta. \tag{9}$$

D. h. aber nach Art. 1 (4): Sf konvergiert gegen einen bestimmten endlichen Grenzwert. Daß dieser Grenzwert unabhängig ist von der ersten gewählten Einteilung des t-Intervalles und von der Art, wie dann die Teilintervalle verkleinert werden, ergibt sich folgendermaßen.

Bei einer andern Einteilung des Intervalles (t_0, T) durch die Punkte $t'_1, t'_2, \ldots, t'_{m-1}$ seien die t'-Differenzen wiederum schon sämtlich $< \delta$, d. h. hinlänglich so klein, daß ε (s. Art. 13) so klein, wie es ein beliebig kleines γ (s. oben) erfordert. Wählt man dann die Werte ξ'_k, η'_k beliebig in den jetzigen Rechtecken $[k-1, k]$, so ergibt sich wie vorher, daß die Summe

$$S'f \equiv \sum_1^m {}^k f(\xi'_k, \eta'_k)(x'_k - x'_{k-1}) \tag{10}$$

für $m \longrightarrow \infty$, $\delta \longrightarrow 0$ einem bestimmten endlichen Grenzwert zustrebt. Dieser ist aber gleich dem von Sf. Fügt man nämlich den ersten Teilpunkten $t_1, t_2, \ldots$ von (t_0, T) noch die jetzigen $t'_1, t'_2, \ldots$ hinzu und den jetzigen die der ersten Einteilung, so erhält man eine Gesamteinteilung von (t_0, T) durch die nun als $t''_1, t''_2, \ldots$ bezeichneten Punkte, und jedes zu einem Intervall (t''_{k-1}, t''_k) gehörige Rechteck $[k-1, k]$ liegt sowohl in einem Rechteck, das zu einem t-Intervall, wie in einem solchen, das zu einem t'-Intervall gehört. Wählt man also die ξ''_k, η''_k beliebig in diesen zu den t''-Intervallen gehörigen Rechtecken und bildet die entsprechende Summe $S''f$, so spielt diese sowohl der Summe Sf wie der Summe $S'f$ gegenüber genau dieselbe Rolle wie vorher $S_1 f$ gegenüber Sf. Also erhält man wie Formel (9) zwei Formeln

$$\left.\begin{array}{l} |S''f - Sf| < \gamma M \\ |S''f - S'f| < \gamma M, \end{array}\right\} \tag{11}$$

also

$$|Sf - S'f| \leqq 2\gamma M, \tag{12}$$

d. h. $\lim Sf = \lim S'f$.

Entsprechend wird der Grenzwert vom Sg nachgewiesen. Damit hat man die Existenz des *Kurvenintegrals*

$$\left.\begin{aligned}&\oint_{a,\alpha}^{b,\beta}(f(x,y)\,dx+g(x,y)\,dy)\equiv\oint_{A}^{B}(f\,dx+g\,dy)\\&=\lim_{n\to\infty}\sum_{1}^{n}{}^{k}\left[f(\xi_k,\eta_k)(x_k-x_{k-1})+g(\bar{\xi}_k,\bar{\eta}_k)(y_k-y_{k-1})\right].\end{aligned}\right\}\qquad(13)$$

Wir haben bei diesem Existenzbeweis die Stetigkeit von $f(x, y)$ und $g(x, y)$ nicht nur längs der Kurve C, sondern in einem Bereich G, innerhalb dessen C verläuft, als *total* vorausgesetzt. Dies hat sich einmal dadurch belohnt, daß wir bei der Bildung der Summen Sf usw. eine viel größere Freiheit hatten, was seine Früchte tragen wird, und daß wir den Begriff der Kurven*länge* entbehren konnten. Außerdem ist wohl bei einer Funktion von zwei Veränderlichen wie $f(x, y)$ und $g(x, y)$ der Begriff der zweidimensionalen totalen Stetigkeit in einem *Bereich* näherliegend als der der eindimensionalen Stetigkeit längs einer *speziellen Kurve*. Und schließlich werden wir bei den letzten und wichtigsten Anwendungen des Kurvenintegralbegriffs doch die totale Stetigkeit von f und g in einem *Bereich* brauchen. Diese Anwendungen werden auch die Behandlung des hier schon in der Kapitelüberschrift bezeichneten Art von Integralen mit *zwei* Funktionen $f(x, y)$ und $g(x, y)$ rechtfertigen.

15. Existenz des Kurvenintegrals bei Integrierbarkeit von f und g.

Sind f und g in G nicht überall stetig, aber *beschränkt*, d. h.

$$|f(x,y)| < m_f, \quad |g(x,y)| < m_g, \qquad (14)$$

wo m_f, m_g feste endliche positive Zahlen sind, und bezeichnet γ_k die Maximalschwankung von f im Quadrat $[k]$, d. h. den absoluten Betrag der Differenz zwischen der unteren und der oberen Grenze der Werte von f in diesem Quadrat, so kann man statt (6) und (8) jetzt die Formeln aufstellen

$$f(\xi_{kk'},\eta_{kk'}) = f(\xi_k,\eta_k) + \gamma_k\,\vartheta_{kk'}, \qquad (6')$$

$$|S_1 f - Sf| < \sum_{k,k'}{}' \gamma_k\,|x_{kk'} - x_{kk'-1}|. \qquad (8')$$

Setzt man dann $\overline{fin}$ oder, was hier dasselbe ist,

$$\lim_{n'\to\infty}\sum_{1}^{n'}{}^{k'}|x_{kk'} - x_{kk'-1}| \equiv M_k, \qquad (15)$$

so daß $\sum^{k'}|x_{kk'} - x_{kk'-1}| < M_k$ und nach Art. 11(4) $M_k < M$, so folgt aus (8')

$$|S_1 f - Sf| < \sum_{1}^{n}{}^{k}\gamma_k\,M_k. \qquad (9')$$

Ist also

$$\lim_{n\to\infty}\sum_{1}^{n}{}^{k}\gamma_k\,M_k = 0, \qquad (16)$$

so ist die linke Seite von (8′) beliebig klein für hinlänglich kleines δ, d. h. die Summen Sf haben einen bestimmten endlichen Grenzwert, wenn $\delta \longrightarrow 0$ konvergiert. Daß dieser aber von der Art der Teilung des Intervalles (t_0, T) *unabhängig* ist, ergibt sich genau wie im vorigen Artikel, ohne daß außer (16) eine neue Voraussetzung erforderlich wäre. Denn wie dort (12) ergibt sich hier die Formel

$$|Sf - S'f| \leqq 2 \sum_1^n{}^k \gamma_k M_k \tag{12'}$$

Entsprechend für Sg.

Die Existenz des Kurvenintegrals ist also abermals erwiesen, und wir nennen in diesem Fall f und g, wenn sie in G beschränkt sind und die Bedingungen (16) erfüllen, *längs C in bezug auf x bzw. y integrierbar.* In diesem Falle brauchen bei der Bildung der Summen in (13) $f(\xi_k, \eta_k)$ und $g(\bar{\xi}_k, \bar{\eta}_k)$ gar nicht Funktionswerte von f und g zu sein, sondern nur irgend welche Werte zwischen der unteren und der oberen Grenze der Funktionswerte im Rechteck $[k-1, k]$. Entsprechendes gilt in (6′) auch für $f(\xi_{kk'}, \eta_{kk'})$ in bezug auf die kleineren Rechtecke.

(Ist die Funktion $x = \varphi(t)$ in (t_0, T) wenigstens *abteilungsweise monoton*, d. h. kann das Intervall (t_0, T) in eine endliche Anzahl solcher Teilintervalle zerlegt werden, in deren jedem $\varphi(t)$ monoton ist, so kann die Bedingung der Integrierbarkeit (16), wie leicht zu sehen ist, durch die einfachere ersetzt werden

$$\lim_{n \to \infty} \sum_1^n{}^k \gamma_k \, |x_k - x_{k-1}| = 0 \, . \tag{16'}$$

Entsprechend für $y = \psi(t)$.)

16. Folgerungen aus der Summenerklärung des Kurvenintegrals.

Als solche ergeben sich unmittelbar

$$\oint_A^B (f dx + g dy) = -\oint_B^A (f dx + g dy) \, , \tag{17}$$

$$\oint_A^B (f dx + g dy) + \oint_B^D (f dx + g dy) + \oint_D^A (f dx + g dy) = 0 \, , \tag{18}$$

wenn die drei Punkte A, B, D und die Kurvenstücke AB, BD, DA auf der Kurve C liegen, soweit sie im Innern von G verläuft.

$$\oint_A^B \big((f_1 + f_2)\, dx + (g_1 + g_2)\, dy\big) = \oint_A^B (f_1 dx + g_1 dy) + \oint_A^B (f_2 dx + g_2 dy) \, , \tag{19}$$

wenn die Funktionen f_1, f_2, g_1, g_2 die Voraussetzungen von f und g in Art. 14 oder 15 erfüllen.

17. Mittelwerte von f und g längs C.

Sind $x=\varphi(t)$ und $y=\psi(t)$ im Intervall (t_0, T) *monoton*, so bezeichnen wir als *Mittelwerte der Integrandenfunktionen* $f(x, y)$ und $g(x, y)$ längs C von a, α bis b, β die Größen

$$f_c \equiv \frac{1}{b-a} \oint_{a,\alpha}^{b,\beta} f(x, y)\,dx, \quad g_c \equiv \frac{1}{\beta-\alpha} \oint_{a,\alpha}^{b,\beta} g(x, y)\,dy \tag{20}$$

f_c bzw. g_c liegen danach zwischen der unteren und der oberen Grenze der Werte von f bzw. g längs C von a, α bis b, β. Zusammengefaßt ist daher

$$\oint_{a,\alpha}^{b,\beta} \big(f(x, y)\,dx + g(x, y)\,dy\big) = f_c(b-a) + g_c(\beta-\alpha). \tag{21}$$

Sind speziell f und g längs C *stetig*, so gibt es zwei Wertepaare ξ, η und ξ', η' auf C zwischen a, α und b, β, für die

$$f_c = f(\xi, \eta), \quad g_c = g(\xi', \eta'). \tag{22}$$

18. Approximation des Kurvenintegrals durch ein Treppenintegral.

Sind $f(x, y)$ und $g(x, y)$ im Bereich G beschränkt und längs jeder stetigen rektifizierbaren Kurve, die ganz im Innern von G verläuft, was für C zutrifft, in bezug auf x bzw. y wenigstens integrierbar, so ist

$$\oint_{a,\alpha}^{b,\beta} (f\,dx + g\,dy) = \lim_{n\to\infty} \sum_{1}^{n}{}^{k} \left[\int_{x_{k-1}}^{x_k} f(x, y_{k-1})\,dx + \int_{y_{k-1}}^{y_k} g(x_k, y)\,dy \right], \tag{23}$$

wobei mit $n \to \infty$ alle Differenzen $t_k - t_{k-1} \to 0$ konvergieren; d. h. *das Kurvenintegral ist mit beliebiger Genauigkeit durch ein Treppenintegral darstellbar* (Fig. 2).

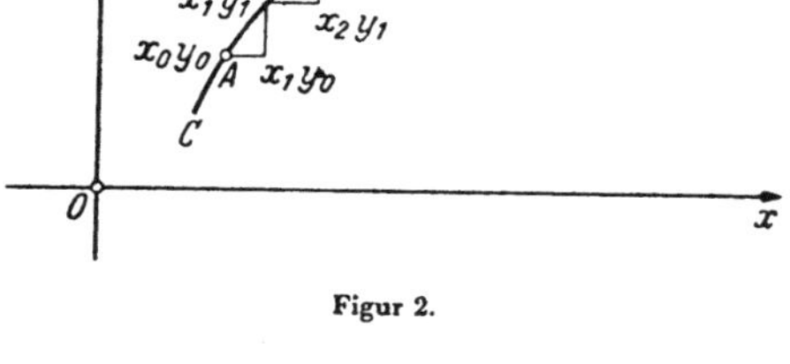

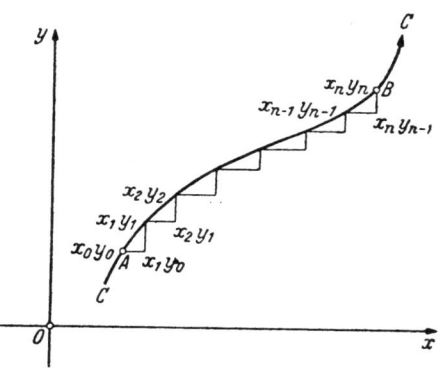

Figur 2.

Beweis: Die Differenzen $t_k - t_{k-1}$ seien schon so klein, daß alle Quadrate $[k]$, also alle Rechtecke $[k-1, k]$ ganz innerhalb G liegen. Dann existieren zunächst alle in (23) auftretenden Integrale. Bezeichnet ferner $f(\xi_k, y_{k-1})$ den Mittelwert der Funktion $f(x, y_{k-1})$ im Intervall (x_{k-1}, x_k), $g(x_k, \eta_k)$ den Mittelwert der Funktion $g(x_k, y)$ im Intervall (y_{k-1}, y_k), die nicht selbst Funktionswerte zu sein brauchen, aber zwischen der unteren und der oberen Grenze der Funktionswerte in dem betreffenden Intervall liegen, so ist

$$\left.\begin{aligned}\int_{x_{k-1}}^{x_k} f(x, y_{k-1})\,dx &= f(\xi_k, y_{k-1})\,(x_k - x_{k-1})\\ \int_{y_{k-1}}^{y_k} g(x_k, y)\,dy &= g(x_k, \eta_k)\,(y_k - y_{k-1}),\end{aligned}\right\} \tag{24}$$

und die rechte Seite von (23) lautet

$$\lim_{n\to\infty} \sum_1^n{}^k \left[f(\xi_k, y_{k-1})\,(x_k - x_{k-1}) + g(x_k, \eta_k)\,(y_k - y_{k-1})\right]. \tag{25}$$

Die linke Seite von (23) hat aber nach (13) *denselben* Ausdruck, weil die hier auftretenden Werte von f und g zu den bei der Summenbildung erlaubten gehören. Damit ist der Beweis erbracht. Er hat die Zweckmäßigkeit unserer Definition des Kurvenintegrals durch die Ausnützung der Freiheit in der Wahl der Werte ξ_k, η_k bestätigt.

19. Fundamentalsatz der Integralrechnung für Kurvenintegrale.

Wenn die Funktion $F(x, y)$ die ersten partiellen Ableitungen $F_1(x, y)$ und $F_2(x, y)$ besitzt, diese in G eindeutig bestimmt, endlich und total stetig sind, d. h nach Art. 10, wenn $F(x, y)$ ein totales Differential $dF \equiv F_1 dx + F_2 dy$ mit total stetigen F_1, F_2 besitzt, *und die stetige, rektifizierbare Kurve C ganz innerhalb G verläuft, so ist*

$$\oint_{a,\alpha}^{b,\beta} dF(x, y) \equiv \oint_{a,\alpha}^{b,\beta} \left[F_1(x,y)\,dx + F_2(x,y)\,dy\right] = F(b,\beta) - F(a,\alpha), \tag{26}$$

wo $F(b,\beta)$ *den* Wert von $F(x, y)$ bedeutet, der aus $F(a,\alpha)$ entsteht, wenn man von a,α längs C immer den t-Werten folgend zu b,β übergeht.

Beweis: Nach (13) ist

$$\left.\begin{aligned}&\oint_{a,\alpha}^{b,\beta} (F_1 dx + F_2 dy)\\ &= \lim_{n\to\infty} \sum_1^n{}^k \left[F_1(\xi_k, \eta_k)\,(x_k - x_{k-1}) + F_2(\bar\xi_k, \bar\eta_k)\,(y_k - y_{k-1})\right],\end{aligned}\right\} \tag{27}$$

wo ξ_k, η_k und $\bar\xi_k$, $\bar\eta_k$ *beliebige* Punkte des Rechtecks $[k-1, k]$ sind, das bereits ganz im Bereich G liege. Nach dem Mittelwertsatz der Differentialrechnung (Art. 3) ist

$$\left.\begin{aligned}F(x_k, y_k) - F(x_{k-1}, y_k) &= F_1(\xi_k, y_k)\,(x_k - x_{k-1})\\ F(x_{k-1}, y_k) - F(x_{k-1}, y_{k-1}) &= F_2(x_{k-1}, \bar\eta_k)\,(y_k - y_{k-1}),\end{aligned}\right\} \tag{28}$$

wo ξ_k ein *bestimmter* Wert des Intervalles (x_{k-1}, x_k), $\bar\eta_k$ ein *bestimmter* Wert des Intervalles (y_{k-1}, y_k) ist. Wählt man also in (27) die dort *beliebigen* Wertepaare ξ_k, η_k und $\bar\xi_k$, $\bar\eta_k$ gleich den nach (28) *bestimmten*

ξ_k, y_k und $x_{k-1}, \bar{\eta}_k$, die zu den bei (27) erlaubten gehören, so folgt

$$\left.\begin{aligned} \oint_{a,\alpha}^{b,\beta} dF(x,y) &= \lim_{n\to\infty} \sum_1^n{}^k \big[F(x_k, y_k) - F(x_{k-1}, y_k) + \\ &+ F(x_{k-1}, y_k) - F(x_{k-1}, y_{k-1})\big] = F(b,\beta) - F(a,\alpha)\,. \end{aligned}\right\} \quad (29)$$

Bei diesem Beweis hat sich abermals unsere Definition des Kurvenintegrals als zweckmäßig erwiesen.

Ist $F(x,y)$ in G *eindeutig*, so ist also das Integral (26) *unabhängig* vom Integrationsweg, und man kann hier auch $\int\limits_{a,\alpha}^{b,\beta}$ statt $\oint\limits_{a,\alpha}^{b,\beta}$ schreiben.

Ist dann die Kurve C *geschlossen* und bezeichnet man das über eine geschlossene Kurve erstreckte Integral durch $\oint$, so ist also

$$\oint dF(x,y) \equiv \oint (F_1 dx + F_2 dy) = 0\,. \quad (30)$$

20. Elementarer Integralsatz als Folgerung aus dem Fundamentalsatz.

Die Funktion $F(x,y) \equiv xy$, wo $F_1 \equiv y$, $F_2 \equiv x$, erfüllt in der ganzen xy-Ebene die Voraussetzungen des Fundamentalsatzes und ist eindeutig. Also ist für jede stetige rektifizierbare Kurve C

$$\oint_{a,\alpha}^{b,\beta} y\,dx + \oint_{a,\alpha}^{b,\beta} x\,dy = b\beta - a\alpha\,. \quad (31)$$

Durch die Gleichungen $x = \varphi(t)$, $y = \psi(t)$ werden y als Funktion von x und x als Funktion von y als zwei zueinander *inverse* Funktionen definiert

$$y = f(x)\,, \quad x = h(y)\,. \quad (32)$$

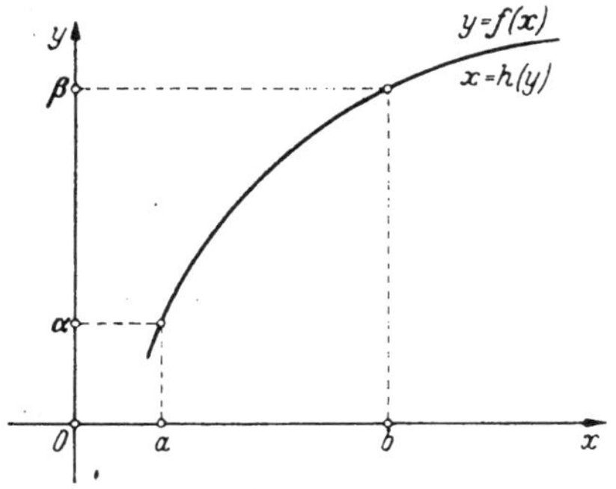

Figur 3.

Sind nun speziell die im Intervall (t_0, T) eindeutig bestimmten, endlichen und stetigen Funktionen $\varphi(t)$ und $\psi(t)$ noch *monoton*, so folgt daraus nach Art. 2 die eindeutige Bestimmtheit, Endlichkeit, Stetigkeit und Monotonie ihrer inversen t als Funktion von x in (a, b) und t als Funktion von y in (α, β), daraus aber folgen wieder dieselben Eigenschaften der zueinander inversen Funktionen $y = f(x)$ in (a, b) und $x = h(y)$ in (α, β). Nach (13) aber ist das Integral

$$\oint_{a,\alpha}^{b,\beta} y\,dx = \lim_{n\to\infty} \sum_1^n{}^k \eta_k (x_k - x_{k-1}) = \lim_{n\to\infty} \sum_1^n{}^k f(\xi_k)\,(x_k - x_{k-1})\,. \quad (33)$$

wo η_k ein beliebiger Wert aus (y_{k-1}, y_k), ξ_k der entsprechende aus (x_{k-1}, x_k) ist, also

$$\oint_{a,\alpha}^{b,\beta} y\,dx = \int_a^b f(x)\,dx; \quad \text{ebenso} \quad \oint_{a,\alpha}^{b,\beta} x\,dy = \int_\alpha^\beta h(y)\,dy\,. \tag{34}$$

Somit hat man für zwei zueinander inverse, eindeutig bestimmte, endliche, stetige und monotone Funktionen $f(x)$ und $h(y)$ den (geometrisch evidenten) Satz (s. Fig. 3)

$$\int_a^b f(x)\,dx + \int_\alpha^\beta h(y)\,dy = b\beta - a\alpha\,, \tag{35}$$

der vielfach zur Berechnung von bestimmten Integralen dienen kann, wenn eines der beiden Integrale (35) bekannt ist.

21. Partielle Integration.

Sind die Funktionen $F(x,y)$ und $H(x,y)$ im Bereich G total differenzierbar und ihre ersten partiellen Ableitungen F_1, F_2, H_1, H_2 eindeutig bestimmt, endlich und total stetig, so gilt das auch von ihrem Produkt $F(x,y)\,H(x,y)$. Also ist nach dem Fundamentalsatz

$$\oint_{a,\alpha}^{b,\beta} d(FH) \equiv \oint_{a,\alpha}^{b,\beta} F\,dH + \oint_{a,\alpha}^{b,\beta} H\,dF = F(b,\beta)\,H(b,\beta) - F(a,\alpha)\,H(a,\alpha)\,, \tag{36}$$

was man als Formel der *partiellen Integration* bezeichnen kann.

22. Das Kurvenintegral als Funktion der oberen Grenze.

Sind $f(x,y)$ und $g(x,y)$ in dem zusammenhängenden Bereich G eindeutig bestimmt und total stetig, und ist das Integral

$$\int_{a,\alpha}^{x,y} (f\,dx + g\,dy) \equiv F(x,y) \tag{37}$$

in G eindeutig, d. h. unabhängig vom Integrationsweg, *so ist $F(x,y)$ im Innern von G eine total stetige und total differenzierbare Funktion von x,y mit den partiellen Ableitungen*

$$F_1(x,y) = f(x,y)\,, \quad F_2(x,y) = g(x,y)\,, \tag{38}$$

$f\,dx + g\,dy$ also das totale Differential dF einer eindeutigen Funktion $F(x,y)$.

Beweis: Liegt mit x,y für hinlänglich kleine h,k auch das Rechteck $[(x,y)\,(x+h,\, y+k)]$ mit den diagonalen Eckpunkten x,y und $x+h$, $y+k$ im Innern von G, so ist

$$\left.\begin{aligned} &F(x+h,\, y+k) - F(x,y) \\ &= \int_{x,y}^{x+h,\,y+k} (f\,dx + g\,dy) = \int_x^{x+h} f(x,y)\,dx + \int_y^{y+k} g(x+h,\,y)\,dy \\ &= h f(\xi,\, y) + k g(x+h,\, \eta)\,, \end{aligned}\right\} \tag{39}$$

wo wegen der vorausgesetzten Stetigkeit von f und g ξ und η bzw. in den Intervallen $(x, x+h)$ und $(y, y+k)$ liegen. Nach derselben Voraussetzung ist aber der absolute Betrag der Differenz (39) für hinlänglich kleine h und k beliebig klein, womit der Beweis der totalen Stetigkeit von $F(x,y)$ erbracht ist.

Ferner ist

$$F(x+h,y) - F(x,y) = \int_{x}^{x+h} f(x,y)\,dx = hf(\xi,y), \quad \bigl(\xi \text{ in } (x, x+h)\bigr), \tag{40}$$

also

$$\lim_{h\to 0} \frac{F(x+h,y) - F(x,y)}{h} = \lim_{h\to 0} f(\xi, y) = f(x, y) = F_1(x, y) . \tag{41}$$

Entsprechend ergibt sich

$$\lim_{h\to 0} \frac{F(x,y+k) - F(x,y)}{k} = g(x,y) = F_2(x,y) . \tag{42}$$

Subtrahiert man endlich in (39) links bzw. rechts die beiden nach (41), (42) einander gleichen Werte $hF_1(x,y)+kF_2(x,y)=hf(x,y)+kg(x,y)$, so folgt

$$\left.\begin{aligned} &F(x+h, y+k) - F(x,y) - hF_1(x,y) - kF_2(x,y) \\ &= h\bigl[f(\xi,y) - f(x,y)\bigr] + k\bigl[g(x+h,\eta) - g(x,y)\bigr], \end{aligned}\right\} \tag{43}$$

also wegen der totalen Stetigkeit von f und g

$$\left.\begin{aligned} &|F(x+h, y+k) - F(x,y) - hF_1(x,y) - kF_2(x,y)| < \varepsilon(|h|+|k|) \\ &\text{für } |h| \text{ und } |k| < \delta, \end{aligned}\right\} \tag{44}$$

wo ε eine beliebig, δ eine hinlänglich kleine positive Zahl ist, d. h. nach Art. 10 die *totale Differenzierbarkeit von $F(x,y)$.*

In Verbindung mit Art. 19 hat man also das Resultat: *Sind f und g im Bereich G total stetig, so ist das Integral $\int_{a,\alpha}^{b,\beta} (f dx + g dx)$ in G dann und nur dann unabhängig vom Integrationsweg, wenn $f dx + g dy$ das totale Differential einer in G eindeutigen Funktion $F(x,y)$ von x, y ist.* Und zwar ist dann die Funktion (37) eine solche, deren totales Differential $f dx + g dy$ ist. — Ist f nach y und g nach x differenzierbar und sind die Ableitungen f_2 und g_1 total stetig, so ist also $F_{21} = F_{12}$, d. h.

$$f_2(x, y) = g_1(x, y) \, . \tag{45}$$

IV. Kurvenintegral und Stieltjes-Integral*.

23. Jedes Kurvenintegral ein Stieltjes-Integral.

Die in Kapitel III vorgetragene Definition des Kurvenintegrals rührt in der Hauptsache von C. Jordan aus dem Jahr 1893 her, wenn sie auch hier wesentlich umgestaltet worden ist. Ein Jahr nach C. Jordan,

* L. Heffter, Math. Z. 40 (1935). — Der Inhalt dieses Kapitels wird im Folgenden nicht benutzt.

1894, hat T. J. Stieltjes den Begriff des dann nach ihm benannten *Stieltjes-Integrals* aufgestellt und seine Haupteigenschaften abgeleitet. Aber erst 1910 setzten weitere Arbeiten über Stieltjes-Integrale ein, und noch viel später, nämlich zuerst 1920, scheinen einzelne wenige Forscher die nahe Verwandtschaft zwischen Kurvenintegral und Stieltjes-Integral bemerkt zu haben. Diese können wir jetzt leicht erörtern.

C sei wieder eine durch $x=\varphi(t)$, $y=\psi(t)$ dargestellte, stetige, rektifizierbare Kurve, wobei $\varphi(t)$ und $\psi(t)$ keineswegs differenzierbar vorausgesetzt zu werden brauchen. $f(x,y)$ und $g(x,y)$ seien in bezug auf x bzw. y längs C wenigstens integrierbare Funktionen.

Setzt man dann

$$f(\varphi(t),\ \psi(t)) \equiv f(t), \quad g(\varphi(t),\ \psi(t)) \equiv g(t), \tag{1}$$

ist τ_k ein beliebiger Wert von t aus dem Intervall (t_{k-1}, t_k) und

$$\xi_k = \varphi(\tau_k), \quad \eta_k = \psi(\tau_k), \tag{2}$$

so ist nach Kapitel III (13)

$$\oint\limits_{a,\alpha}^{b,\beta} f(x,y)\,dx = \lim_{n\to\infty} \sum_1^n{}^k f(\tau_k)\left(\varphi(t_k) - \varphi(t_{k+1})\right). \tag{3}$$

Der rechts stehende Grenzwert ist aber gerade derjenige, der das sog. *Stieltjes-Integral* definiert und mit

$$\int\limits_{t_0}^{T} f(t)\,d\varphi(t)$$

bezeichnet wird, wobei $f(t)$ die *Integrandenfunktion*, $\varphi(t)$ die zwar stetig, aber nicht differenzierbar vorausgesetzte *Belegungsfunktion* heißt. Nach (1) und (3) ist also

$$\oint\limits_{a,\alpha}^{b,\beta} [f(x,y)\,dx + g(x,y)\,dy] = \int\limits_{t_0}^{T} f(t)\,d\varphi(t) + \int\limits_{t_0}^{T} g(t)\,d\psi(t), \tag{4}$$

d. h. *jedes Kurvenintegral ist ein Stieltjes-Integral oder die Summe zweier solcher.* Dabei ist z. B. $f(t)$ im Intervall (t_0, T) wenn nicht stetig, so mindestens integrierbar in bezug auf die Belegungsfunktion $\varphi(t)$. Das bedeutet nach Art. 15: $f(t)$ ist im Intervall (t_0, T) *beschränkt* und, wenn γ_k die Maximalschwankung von $f(t)$ in (t_{k-1}, t_k), ferner

$$t_{k-1} < t_{k,1} < t_{k,2} < \cdots < t_{k,k'-1} < t_k,$$

$$M_k \equiv \lim_{n'\to\infty} \sum_1^{n'}{}^{k'} \left|\varphi(t_{k,k'}) - \varphi(t_{k,k'-1})\right|, \tag{5}$$

so ist

$$\lim_{n\to\infty} \sum_1^n{}^k \gamma_k M_k = 0. \tag{6}$$

Entsprechend für $g(t)$.

24. Jedes Stieltjes-Integral mit stetiger Belegungsfunktion ein Kurvenintegral.

Ist umgekehrt für die in (t_0, T) stetige Belegungsfunktion $\varphi(t)$ und die in demselben Intervall in bezug auf $\varphi(t)$ integrierbare Funktion $f(t)$ das Stieltjes-Integral definiert durch die Gleichung

$$\int_{t_0}^{T} f(t)\,d\varphi(t) = \lim_{n\to\infty} \sum_{1}^{n}{}^{k} f(\tau_k)\left(\varphi(t_k)-\varphi(t_{k-1})\right), \tag{7}$$

so bestimmen wir die Kurve C durch die Gleichungen

$$x=\varphi(t),\ y=t \qquad (\varphi(t_0)\equiv a,\ t_0\equiv\alpha,\ \varphi(T)\equiv b,\ T\equiv\beta) \tag{8}$$

und erhalten

$$\int_{0}^{T} f(t)\,d\varphi(t) = \oint_{a,\alpha}^{b,\beta} f(y)\,dx, \tag{9}$$

da C und f die für die Definition des rechts stehenden Kurvenintegrals gemachten Voraussetzungen erfüllen.

Jedes Stieltjes-Integral mit stetiger Belegungsfunktion $\varphi(t)$ ist also als Kurvenintegral längs einer durch $\varphi(t)$ bestimmten Kurve C darstellbar.

Ist insbesondere $x=\varphi(t)$ in dem Intervall (t_0, T) *monoton*, so gilt das auch für die inverse Funktion $t=\varrho(x)$ im Intervall (a, b), und dann ergibt sich aus (8) und (9) noch

$$\int_{t_0}^{T} f(t)\,d\varphi(t) = \int_{a}^{b} f(\varrho(x))\,dx. \tag{10}$$

25. Sätze über Stieltjes-Integrale aus solchen über Kurvenintegrale.

Aus den in Kapitel III abgeleiteten Sätzen für Kurvenintegrale ergeben sich nun unmittelbar u. a. folgende Sätze für *Stieltjes-Integrale mit stetiger Belegungsfunktion*;

$$\int_{t_0}^{T} f(t)\,d\varphi(t) = -\int_{T}^{t_0} f(t)\,d\varphi(t) \quad \text{(nach III. (17))}, \tag{11}$$

$$\int_{t_0}^{T_1} f(t)\,d\varphi(t) + \int_{T_1}^{T} f(t)\,d\varphi(t) + \int_{T}^{t_0} f(t)\,d\varphi(t) = 0 \quad \text{(nach III. (18))}, \tag{12}$$

wenn t_0, T_1, T und die Intervalle (t_0, T_1), (T_1, T), (T, t_0) einem t-Intervall angehören, in dem die Voraussetzungen erfüllt sind.

$$\int_{t_0}^{T} f(t)\,d\varphi(t) = f(\tau)\left[\varphi(T)-\varphi(t_0)\right], \tag{13}$$

wo $f(\tau)$ ein Mittelwert der Integrandenfunktion in (t_0, T) ist, der nicht Funktionswert zu sein braucht (nach III. (21), (22)).

Aus Art. 19 und 21 ergibt sich, wenn $f(t)$ und $\varphi(t)$ *stetig* sind, und wenn hier $x=\varphi(t)$, $y=f(t)$ als Kurve C benutzt wird, der *Fundamentalsatz* und zugleich die Formel der *partiellen Integration für Stieltjes-Integrale*

$$\int_{t_0}^{T}\left[f(t)\,d\varphi(t)+\varphi(t)\,df(t)\right]=f(T)\varphi(T)-f(t_0)\varphi(t_0) \tag{14}$$

Endlich ist das Stieltjes-Integral als *Funktion der oberen Grenze* t

$$\int_{t_0}^{t} f(t)\,d\varphi(t)\equiv F(t) \tag{15}$$

eine *eindeutig bestimmte* Funktion von t in (t_0, T). Nach (12) und (13) ist bei *stetigem* $\varphi(t)$

$$F(t+h)-F(t)=f(t+\vartheta h)\left(\varphi(t+h)-\varphi(t)\right), \tag{16}$$

wo $f(t+\vartheta h)$ ein Mittelwert der Funktion $f(t)$ im Intervall $(t, t+h)$ ist. Also ist $F(t)$ *stetig*, wenn $f(t)$ in (t_0, T) wenigstens *beschränkt* ist.

Bei *stetigem* $f(t)$ folgt hieraus für $h\longrightarrow 0$

$$\frac{dF(t)}{d\varphi(t)}=f(t). \tag{17}$$

Ist $\varphi(t)$ *differenzierbar*, so ist es also auch $F(t)$, und zwar ist

$$\frac{dF(t)}{dt}=f(t)\frac{d\varphi(t)}{dt}. \tag{18}$$

V. Der reelle Cauchysche Integralsatz.

26. Beschränkung auf ein achsenparalleles Rechteck*.

Von hier und erst von hier ab sind alle unsere Ausführungen nur noch der *Begründung der Funktiontheorie* gewidmet.

In Art. 22. sind wir zu dem Resultat gelangt: *Sind f und g im Bereich G total stetig, so ist das Integral*

$$\int_{a,\alpha}^{b,\beta}(f\,dx+g\,dy) \tag{1}$$

dann und nur dann vom Integrationsweg unabhängig, m. a. W.

$$\oint (f\,dx+g\,dy)=0, \tag{2}$$

oder $f\,dx+g\,dy$ in G eindeutig integrierbar, wenn

$$f\,dx+g\,dy=dF(x,y) \tag{3}$$

das totale Differential einer in G eindeutigen Funktion $F(x,y)$ ist.

Es drängt sich aber die Frage nach den für f und g *selbst*, ohne auf die Funktion $F(x,y)$ zurückzugreifen, notwendigen Voraussetzungen auf, damit (2) gilt.

* L. Heffter, Gött. Nachr. 1902 II § 1.

Die Untersuchung dieser Frage kann auf den Fall beschränkt werden, daß die geschlossene Integrationskurve ein etwa in dem durch das Koordinatensystem bestimmten positiven Sinn umlaufenes *achsenparalleles Rechteck* $R \equiv [(a, \alpha)\,(b, \beta)]$ (Fig. 4) ist, das ganz dem Bereich G angehört, in dem $f(x,y)$ und $g(x,y)$ gewisse Voraussetzungen erfüllen. Denn, gilt (2) für jedes solche Rechteck in G, so gilt diese Formel auch für die aus einer oder mehreren achsenparallelen, einfach geschlossenen *Treppenlinien*, die einander nicht schneiden, bestehende vollständige Begrenzung eines Teiles von G. Ein solcher Teil von G kann nämlich (Fig. 5) in lauter achsenparallele Rechtecke zerschnitten werden, für deren jedes (2) gilt. Also ist auch die Summe aller dieser positiv erstreckten Rechtecks-Integrale $= 0$. In dieser Summe heben sich aber die Integrale über alle inneren Seiten fort, weil jede dieser Integrationen einmal in dem einen, einmal in dem entgegengesetzten Sinn erfolgt. Also bleiben mit dem Gesamtwert Null nur die Integrale über die begrenzenden Treppenlinien übrig. Dabei erfolgt die Integration über die alle andern umschließende Treppenlinie im *positiven* Sinn, die Integrationen über die von jener umschlossenen Treppenlinien aber in *negativem* Sinn. — Da aber nach Art. 18 ein Kurvenintegral über eine ganz im Innern von G verlaufende Kurve C mit beliebiger Genauigkeit durch das über eine achsenparallele Treppenlinie erstreckte Integral ersetzt werden kann, so gilt der Satz auch für jedes von einer oder mehreren stetigen, rektifizierbaren, einfach geschlossenen, einander nicht schneidenden Kurven vollständig begrenztes Teilgebiet von G.

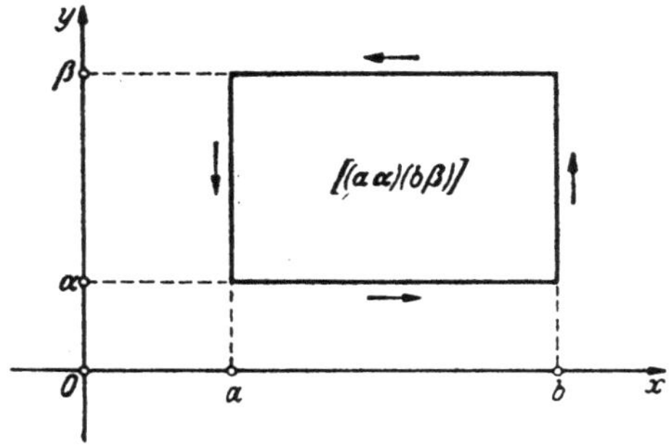

Figur 4.

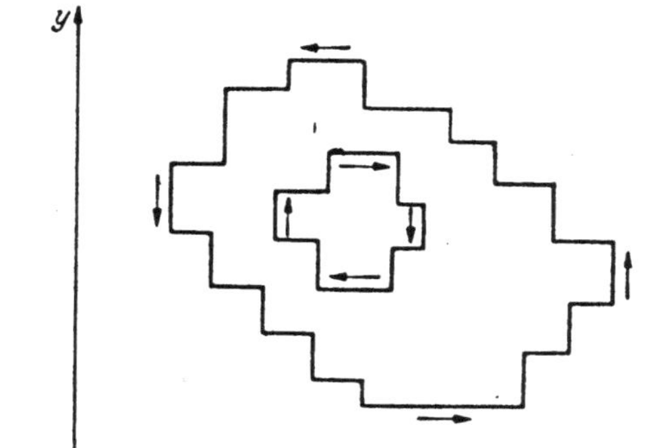

Figur 5.

Wir dürfen uns daher im folgenden auf achsenparallele Rechtecke beschränken und brauchen fortan den allgemeinen Begriff des Kurvenintegrals überhaupt nicht mehr. Ja, wir hätten nur für die Begründung der Funktionentheorie seine Einführung garnicht erst nötig gehabt. Denn für diesen Zweck genügt es vollkommen, *von vornherein nur achsenparallele Treppenintegrale* zu benutzen, wie es von hier ab auch tatsächlich geschieht. Die aufgeworfene Frage findet dann eine erste Antwort durch den nachfolgenden Satz.

27. Der reelle Cauchysche Integralsatz bei den ältesten Voraussetzungen*.

In reeller Form für ein achsenparalles Rechteck ausgesprochen lautet der Cauchysche Integralsatz bei den ältesten Voraussetzungen:

Sind $f(x,y)$, $g(x,y)$, $f_2(x,y) \equiv \frac{\partial f(x,y)}{\partial y}$ *und* $g_1(x,y) \equiv \frac{\partial g(x,y)}{\partial x}$ *im Bereich G überall eindeutig bestimmt und total stetig und ist* — wie in Art. 22 (45) — *dort überall*

$$f_2(x,y) = g_1(x,y)\,, \tag{4}$$

so ist für jedes achsenparallele Rechteck $R \equiv [(a,\alpha)\,(b,\beta)]$, *das ganz dem Bereich G angehört, das über den Rand von R erstreckte Integral*

$$\oint_R [f(x,y)\,dx + g(x,y)\,dy] = 0 \tag{5}$$

oder $f\,dx + g\,dy$ *in G achsenparallel eindeutig integrierbar.*

Den meist unter Benutzung eines Doppel*integrals* geführten Beweis führen wir nach einer Doppel*summen*methode, die sich stets bewährt, wenn bei einem Beweis des Cauchyschen Integralsatzes auch unter anderen Voraussetzungen ein Doppelintegral auftritt. Sie läßt alles offen zutage treten, was in dem Begriff des Doppel*integrals* verborgen ist.

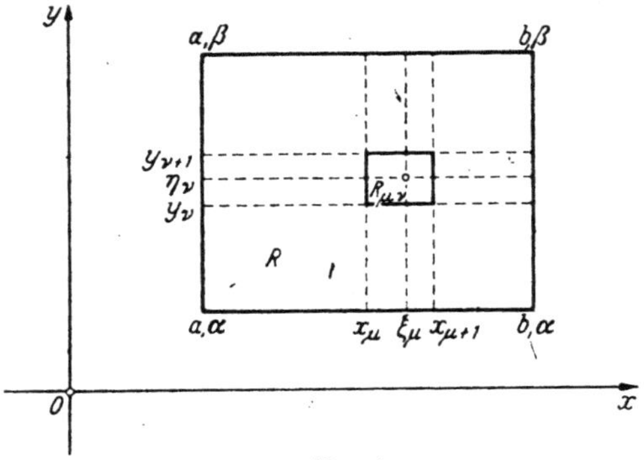

Figur 6.

Wir teilen die Seiten (a,b) und (α,β) von R in n gleiche Teile durch die Teilpunkte $x_1, x_2, \ldots, x_{n-1}$, bzw. $y_1, y_2, \ldots, y_{n-1}$, legen durch diese Parallele zu den Achsen und zerschneiden so R in n^2 kongruente Rechtecke (Fig. 6)

$$R_{\mu\nu} \equiv [(x_\mu, y_\nu)\,(x_{\mu+1}, y_{\nu+1})]\,. \tag{6}$$

Dann bilden wir die Doppelsumme

$$\left.\begin{aligned} \sum_{\mu\nu} S_{\mu\nu} \equiv \sum_{\mu\nu} & [f(\xi_\mu, y_\nu) - f(\xi_\mu, y_{\nu+1})]\,(x_{\mu+1} - x_\mu) \\ + \sum_{\mu\nu} & [g(x_{\mu+1}, \eta_\nu) - g(x_\mu, \eta_\nu)]\,(y_{\nu+1} - y_\nu)\,, \end{aligned}\right\} \tag{7}$$

* L. Heffter, Gött. Nachr. 1902 II § 4.

wo ξ_μ unabhängig von ν ein beliebiger Wert aus $(x_\mu, x_{\mu+1})$, η_ν unabhängig von μ ein beliebiger Wert aus $(y_\nu, y_{\nu+1})$ ist. Summiert man in der ersten Summe von (7) rechts bei festem μ über alle Werte von ν, in der zweiten bei festem ν über alle Werte von μ, so heben sich alle über die inneren Teilstrecken gebildeten Glieder von $\sum S_{\mu\nu}$ fort, und es bleibt

$$\left.\begin{aligned}\sum_{\mu\nu} S_{\mu\nu} = \sum\nolimits^{\mu} \left[f(\xi_\mu, \alpha) - f(\xi_\mu, \beta)\right](x_{\mu+1} - x_\mu) + \\ + \sum\nolimits^{\nu} \left[g(b, \eta_\nu) - g(a, \eta_\nu)\right](y_{\nu+1} - y_\nu)\,.\end{aligned}\right\} \tag{8}$$

Für $n \longrightarrow \infty$ ist der Grenzwert dieser Summe = dem Integral (5).

Andererseits ist in (7) nach dem Mittelwertsatz der Differentialrechnung

$$\left.\begin{aligned} f(\xi_\mu, y_{\nu+1}) - f(\xi_\mu, y_\nu) &= f_2(\xi_\mu, \eta_{\mu\nu})(y_{\nu+1} - y_\nu) \\ g(x_{\mu+1}, \eta_\nu) - g(x_\mu, \eta_\nu) &= g_1(\xi_{\mu\nu}, \eta_\nu)(x_{\mu+1} - x_\mu)\,,\end{aligned}\right\} \tag{9}$$

wo alle $\xi_{\mu\nu}$ dem Intervall $(x_\mu, x_{\mu+1})$, alle $\eta_{\mu\nu}$ dem Intervall $(y_\nu, y_{\nu+1})$ angehören. Setzt man noch

$$y_{\nu+1} - y_\nu = \frac{\beta - \alpha}{n}\,, \quad x_{\mu+1} - x_\mu = \frac{b - a}{n}\,,$$

so ist also

$$\sum_{\mu\nu} S_{\mu\nu} = \frac{(b-a)(\beta-\alpha)}{n^2} \sum_{\mu\nu} \left[g_1(\xi_{\mu\nu}, \eta_\nu) - f_2(\xi_\mu, \eta_{\mu\nu})\right]. \tag{10}$$

Da nun $g_1(\xi_{\mu\nu}, \eta_\nu) = f_2(\xi_{\mu\nu}, \eta_\nu)$ und f_2 im Innern und auf dem Rand von R stetig, also gleichmäßig stetig ist, so ist für hinlänglich großes n jedes Glied der Summe (10) absolut genommen kleiner als eine beliebig kleine positive Zahl ε. Also

$$\left|\sum_{\mu\nu} S_{\mu\nu}\right| < \frac{(b-a)(\beta-\alpha)}{n^2}\, n^2 \varepsilon = (b-a)(\beta-\alpha)\,\varepsilon\,, \tag{11}$$

d. h. das Integral (5) hat den Wert 0, w. z. b. w. Natürlich ist es dabei gleichgültig, ob die Integration über den Rand von R in positivem oder negativem Sinn erstreckt wird.

28. Der reelle Cauchy-Goursatsche Integralsatz*.

Die grundlegende Bedeutung des Cauchyschen Integralsatzes für die Theorie der Funktionen einer komplexen Veränderlichen besteht darin, daß er den Weg von den vorausgesetzten *Eigenschaften* einer Funktion zu ihrem *analytischen Ausdruck* bahnt, wovon wir später (Art. 34, 35) zu sprechen haben werden. Infolgedessen war es wünschenswert, den Satz von allen entbehrlichen Voraussetzungen zu befreien. Einen wesentlichen Fortschritt in dieser Hinsicht brachte zuerst Gour-

* L. Heffter, Gött. Nachr. 1902 II § 5 und 1903 II.

sat 1900 durch den Nachweis, daß auf die *Stetigkeit der Ableitung* der Integrandenfunktion verzichtet werden kann.

In reeller Form kann der *Cauchy-Goursatsche Integralsatz* für ein achsenparalleles Rechteck so ausgesprochen werden:

Sind $f(x,y)$ und $g(x,y)$ in dem Rechteck $R \equiv [(a, \alpha)\,(b, \beta)]$ einschließlich des Randes überall eindeutig bestimmt, total stetig und total differenzierbar, und

$$f_2(x,y) = g_1(x,y), \tag{12}$$

so ist

$$\oint_R [f(x,y)\,dx + g(x,y)\,dy] = 0. \tag{13}$$

Beweis: Man darf annehmen, daß $\beta-\alpha \geqq b-a$, also setzen

$$b-a = \lambda\,(\beta-\alpha), \quad \text{wo } 0 < \lambda \leqq 1. \tag{14}$$

Nach dem Mittelwertsatz der Integralrechnung, angewandt auf die Funktionsdifferenzen $f(x,\alpha)-f(x,\beta)$ usw., ist

$$\left.\begin{aligned} &\oint_R (f\,dx + g\,dy) \\ &= [f(\xi,\alpha)-f(\xi,\beta)]\,(b-a) + [g(b,\eta)-g(a,\eta)]\,(\beta-\alpha) \\ &= \{\lambda\,[f(\xi,\alpha)-f(\xi,\beta)] + g(b,\eta)-g(a,\eta)\}\,(\beta-\alpha), \end{aligned}\right\} \tag{15}$$

wo ξ ein gewisser Wert im Intervall (a,b), η ein solcher im Intervall (α,β) ist. Wir müssen also zeigen, daß

$$|\lambda\,[f(\xi,\beta)-f(\xi,\alpha)] - [g(b,\eta)-g(a,\eta)]| \equiv d \tag{16}$$

den Wert 0 hat.

Zerlegt man das Rechteck R in vier kleinere durch Parallele zu den Achsen, die die Seiten halbieren, so muß, da das Integral über R gleich der Summe der Integrale über die vier kleinen Rechtecke ist (bei gleichem Integrationssinn), bei mindestens einem von ihnen, das wir $R_1 \equiv [(a_1,\alpha_1)\,(b_1,\beta_1)]$ nennen wollen, das Integral absolut genommen $\geqq \frac{d}{4}(\beta-\alpha)$ sein, also, da $\beta_1-\alpha_1 = \frac{\beta-\alpha}{2}$, und wenn wieder der Mittelwertsatz angewendet wird,

$$|\lambda\,[f(\xi_1,\beta_1)-f(\xi_1,\alpha_1)] - [g(b_1,\eta_1)-g(a_1,\eta_1)]| \geqq \frac{d}{2}, \tag{16$_1$}$$

wo ξ_1, η_1 gewisse Werte im Intervall (a_1, b_1), bzw. (α_1, β_1) sind. Wiederholt man diesen Schluß n-mal, so ist also

$$|\lambda\,[f(\xi_n,\beta_n)-f(\xi_n,\alpha_n)] - [g(b_n,\eta_n)-g(a_n,\eta_n)]| \geqq \frac{d}{2^n}. \tag{16$_n$}$$

Da nun von den Rechtecken R, R_1, ... jedes ganz im vorhergehenden liegt und die Seiten der Rechtecke $\longrightarrow 0$ konvergieren, so schränkt diese Serie von Rechtecken einen bestimmten Punkt x_0, y_0 ein, der im Innern oder auf dem Rand von R liegt. Diesem kommt in bezug auf eine beliebig kleine positive Zahl ε nach den Voraussetzungen und Art. 10 (24) eine bestimmte hinlänglich kleine Umgebung $|x-x_0|<\delta$, $|y-y_0|<\delta$ zu, so daß

$$\left.\begin{aligned} &|f(x,y)-f(x_0,y_0)-f_1(x_0,y_0)(x-x_0)-f_2(x_0,y_0)(y-y_0)| \\ &\qquad < \varepsilon\{|x-x_0|+|y-y_0|\} \\ &|g(x,y)-g(x_0,y_0)-g_1(x_0,y_0)(x-x_0)-g_2(x_0,y_0)(y-y_0)| \\ &\qquad < \varepsilon\{|x-x_0|+|y-y_0|\} \\ &\text{für } |x-x_0|<\delta,\ |y-y_0|<\delta\,. \end{aligned}\right\} \tag{17}$$

Liegt der Punkt x_0, y_0 auf dem Rande von R, so verstehen wir unter seiner Umgebung nur den Teil des soeben abgegrenzten Bereiches, der noch dem Rechteck R angehört.

Bei hinlänglich großem n liegt das Rechteck $R_n \equiv [(a_n, \alpha_n)\,(b_n, \beta_n)]$ dann in jedem Falle in der Umgebung des Punktes x_0, y_0. Also ist nach (17)

$$\left.\begin{aligned} &|f(\xi_n, \beta_n)-f(x_0,y_0)-f_1(x_0,y_0)(\xi_n-x_0)-f_2(x_0,y_0)(\beta_n-y_0)| \\ &\qquad < \varepsilon\{|\xi_n-x_0|+|\beta_n-y_0|\} \\ &|f(\xi_n,\alpha_n)-f(x_0,y_0)-f_1(x_0,y_0)(\xi_n-x_0)-f_2(x_0,y_0)(\alpha_n-y_0)| \\ &\qquad < \varepsilon\{|\xi_n-x_0|+|\alpha_n-y_0|\} \end{aligned}\right\} \tag{18}$$

also weiter, da $|\xi_n-x_0|$, $|\beta_n-y_0|$, $|\alpha_n-y_0|<(\beta_n-\alpha_n)$ sind,

$$|f(\xi_n, \beta_n)-f(\xi_n, \alpha_n)-f_2(x_0,y_0)(\beta_n-\alpha_n)|<4\,\varepsilon\,(\beta_n-\alpha_n)\,. \tag{19}$$

Ebenso ergibt sich mit Rücksicht auf (14)

$$|g(b_n, \eta_n)-g(a_n, \eta_n)-g_1(x_0,y_0)(b_n-a_n)|<4\,\varepsilon\,(\beta_n-\alpha_n)\,. \tag{20}$$

Nach Multiplikation von (19) mit λ folgt endlich aus (19) und (20) unter Berücksichtigung von (12) und (14)

$$\left.\begin{aligned} &|\lambda\,[f(\xi_n, \beta_n)-f(\xi_n, \alpha_n)]-[g(b_n, \eta_n)-g(a_n, \eta_n)]| \\ &\qquad < 4\,\varepsilon(\lambda+1)\,(\beta_n-\alpha_n)\,. \end{aligned}\right\} \tag{21}$$

Da aber

$$4\,\varepsilon\,(\lambda+1)\,(\beta_n-\alpha_n) \leqq \frac{8\,\varepsilon\,(\beta-\alpha)}{2^n}\,, \tag{22}$$

so liefern (21), (22) und (16_n) das Ergebnis

$$d < 8\,\varepsilon\,(\beta-\alpha)\,, \tag{23}$$

d. h. $d=0$.

29. Die achsenparallel eindeutige Integrierbarkeit von $f\,dx+g\,dy$ als Voraussetzung.

In Art. 27 und 28 wurde die *Differenzierbarkeit* von f und g in G vorausgesetzt und daraus zunächst der Cauchysche und der Goursasche Integralsatz, d. h. die *achsenparallel eindeutige Integrierbarkeit* von $f\,dx+g\,dy$ in G abgeleitet. Jetzt wollen wir die *achsenparallel eindeutige Integrierbarkeit* von $f\,dx+g\,dy$ in G selbst als Voraussetzung zugrunde legen, da uns die Integralsätze nur Mittel zum Zweck der Begründung der Funktionentheorie waren.

Wenn im Bereich G $f(x,y)$ bei jedem Wert von y in bezug auf x, $g(x,y)$ bei jedem Wert von x in bezug auf y integrierbar ist, so ist das über den Rand des achsenparallelen Rechtecks $R \equiv [(a, \alpha)(b, \beta)]$ in positivem Sinn erstreckte Integral

$$\left.\begin{aligned}\oint_R (f\,dx + g\,dy) &= \int_a^b f(x,\alpha)\,dx + \int_\alpha^\beta g(b,y)\,dy + \int_b^a f(x,\beta)\,dx + \int_\beta^\alpha g(a,y)\,dy \\ &= (b-a) f_{ab}(x,\alpha) + (\beta-\alpha)\, g_{\alpha\beta}(b,y) + (a-b)\, f_{ab}(x,\beta) + (\alpha-\beta)\, g_{\alpha\beta}(a,y),\end{aligned}\right\} \tag{24}$$

wo z. B. $f_{ab}(x,\alpha)$ den Mittelwert t (oder das arithmetische Mittel) von $f(x,\alpha)$ in (a,b) bedeutet, d. h. nach Art. 5

$$f_{ab}(x,\alpha) \equiv \frac{1}{b-a} \int_a^b f(x,\alpha)\,dx\,. \tag{25}$$

Ist insbesondere die Funktion $f(x,\alpha)$ im Intervall (a,b) *stetig*, so gibt es (Art. 5) einen Wert ξ_{ab} im Intervall (a, b), für den

$$f_{ab}(x,\alpha) = f(\xi_{ab}, \alpha): \tag{26}$$

Entsprechendes gilt für die andern in (24) auftretenden Mittelwerte.

Ist also das Integral in (24) links $=0$, so ist nach derselben Formel (24)

$$\frac{f_{ab}(x,\alpha) - f_{ab}(x,\beta)}{\alpha-\beta} = \frac{g_{\alpha\beta}(a,y) - g_{\alpha\beta}(b,y)}{a-b}\,. \tag{27}$$

Aber wegen der Identität zwischen den beiden Seiten von (25) folgt aus (27) auch umgekehrt das Verschwinden des Integrals auf der linken Seite von (24). Die Gleichung (27) zwischen den für R gebildeten Differenzenquotienten ist daher nur eine Umformung der eindeutigen Integrierbarkeit von $f\,dx + g\,dy$ für das Rechteck R, ihr völlig äquivalent. Man hat somit das Ergebnis:

Wenn im Bereich G $f(x,y)$ bei jedem Wert von y in bezug auf x, $g(x,y)$ bei jedem Wert von x in bezug auf y integrierbar ist, so ist die eindeutige Integrierbarkeit von $f\,dx + g\,dy$ für jedes achsenparallele Rechteck $R \equiv [(a,\alpha)(b,\beta)]$ in G

$$\left.\begin{aligned}&\oint_R (f(x,y)\,dx + g(x,y)\,dy) \\ &\quad \equiv \int_a^b f(x,\alpha)\,dx + \int_\alpha^\beta g(b,y)\,dy + \int_b^a f(x,\beta)\,dx + \int_\beta^\alpha g(a,y)\,dy = 0\end{aligned}\right\} \tag{28}$$

d. h. die eindeutige achsenparallele Integrierbarkeit von $f\,dx + g\,dy$ von jeder inneren Stelle a, α in G aus, völlig gleichbedeutend mit der für jedes solche Rechteck geltenden Differenzengleichung

$$\frac{f_{ab}(x,\alpha) - f_{ab}(x,\beta)}{\alpha-\beta} = \frac{g_{\alpha\beta}(a,y) - g_{\alpha\beta}(b,y)}{a-b}\,. \tag{27}$$

wo $f_{ab}(x,\alpha)$ usw. die angegebene Bedeutung haben.

Weniger kann man also über f und g nicht voraussetzen, wenn man die eindeutige Integrierbarkeit von $f\,dx + g\,dy$ in der Gestalt (28) oder (27) überhaupt aussprechen will. Jede dieser beiden Gleichungen drückt nur noch eine *Bindung* oder *Koppelung zwischen den Funktionen* $f(x,y)$ *und* $g(x,y)$ aus[1].

Gleichung (27) läßt in embryonaler Gestalt schon die Gleichheit (12) $f_2=g_1$ der partiellen Differentialquotienten f_2 und g_1 erkennen. Man kann aber leicht zeigen, daß sie tatsächlich in diese übergeht, d. h. daß für $\beta \longrightarrow \alpha$, $b \longrightarrow a$ die beiden Seiten von (27) den Grenzwert $f_2(a, \alpha)$ bzw. $g_1(a, \alpha)$ haben, sobald man noch die *Voraussetzung* hinzunimmt, daß f und g in G *total differenzierbar*, also auch *stetig* sind (Art. 10). Wir nehmen dabei an, daß $b>a$, $\beta>\alpha$ und bei dem Grenzübergang $\frac{b-a}{\beta-\alpha}$ den festen endlichen von Null verschiedenen Wert λ behalte. Setzt man dann in (28)

$$\left.\begin{aligned}\int_a^b [f(x,\alpha)-f(x,\beta)]\,dx &= (b-a)\,[f(\xi_{ab},\alpha)-f(\xi_{ab},\beta)]\,,\\ &\quad \xi_{ab} \text{ in } (a,b)\,,\end{aligned}\right\} \tag{29}$$

und entsprechend für die beiden andern Integrale in (28), wobei $\eta_{\alpha\beta}$ in (α, β), so erhält die Differenzengleichung (27) die Gestalt

$$\frac{f(\xi_{ab},\alpha)-f(\xi_{ab},\beta)}{\alpha-\beta} = \frac{g(a,\eta_{\alpha\beta})-g(b,\eta_{\alpha\beta})}{a-b}\,. \tag{30}$$

Infolge der für f vorausgesetzten totalen Differenzierbarkeit ist für beliebig kleines positives ε, hinlänglich kleines positives δ

$$\left.\begin{aligned}f(\xi_{ab},\alpha)-f(a,\alpha) &= f_1(a,\alpha)\,(\xi_{ab}-a)+\vartheta\,\varepsilon(\xi_{ab}-a)\,,\\ &\qquad (-1<\vartheta<1)\,,\\ f(\xi_{ab},\beta)-f(a,\alpha) &= f_1(a,\alpha)\,(\xi_{ab}-a)+f_2(a,\alpha)\,(\beta-\alpha)+\\ &\quad +\vartheta'\,\varepsilon(\xi_{ab}-a+\beta-\alpha),\quad (-1<\vartheta'<1)\,,\end{aligned}\right| \tag{31}$$

$$\text{falls } b-a<\delta,\ \beta-\alpha<\delta.$$

Subtraktion der beiden Gleichungen (31) und Division durch $\alpha-\beta$ ergibt

$$\frac{f(\xi_{ab},\alpha)-f(\xi_{ab},\beta)}{\alpha-\beta} = f_2(a,\alpha)+\varepsilon(\vartheta'-\vartheta)\,\frac{\xi_{ab}-a}{\beta-\alpha}+\varepsilon\,\vartheta'. \tag{32}$$

Da aber

$$\frac{\xi_{ab}-a}{\beta-\alpha} < \frac{b-a}{\beta-\alpha} = \lambda\,, \tag{33}$$

so folgt aus (32)

$$\lim_{b\to a,\,\beta\to\alpha} \frac{f(\xi_{ab},\alpha)-f(\xi_{ab},\beta)}{\alpha-\beta} = f_2(a,\alpha)\,. \tag{34}$$

Entsprechend folgt, daß die rechte Seite von (30) den Grenzwert $g_1(a,\alpha)$ hat, also bei dem Grenzübergang in der Tat $f_2(a,\alpha)=g_1(a,\alpha)$ wird, d. h. Gl. (12) $f_2=g_1$ gilt.

---

[1] Die geometrisch leicht zu deutende Gl. (28) oder (27) nimmt eine besonders einfache Gestalt an, wenn R ein *Quadrat*, $b>a$, $\beta>\alpha$, also $b-a=\beta-\alpha$ und f bei jedem Wert von y stetig in x, g bei jedem Wert von x stetig in y ist. Denn dann drückt sich die Koppelung zwischen f und g einfach dadurch aus, daß es in jedem achsenparallelen Quadrat Q in G einen Punkt ξ, η gibt, für den

$$f(\xi,\alpha)-f(\xi,\beta)=g(a,\eta)-g(b,\eta).$$

Damit hat man aber die Goursatschen Voraussetzungen für den reellen Cauchyschen Integralsatz und somit das bemerkenswerte Resultat:

Die Goursatschen Voraussetzungen für den Beweis des reellen Cauchyschen Integralsatzes in G lassen sich zerlegen in die eindeutige achsenparallele Integrierbarkeit von $f dx + g dy$ von jeder inneren Stelle a, α in G aus [(27) oder (28)], in die Stetigkeit und in die totale Differenzierbarkeit von f und g. Die *Voraussetzungen* für den *Beweis* des Satzes enthalten also *mehr als das, was bewiesen wird!*

Mit der Differenzengleichung (27) hat man aber die *jetzige Voraussetzung* in eine Form gebracht, die deutlich erkennen läßt, daß sie eine *weitere Reduktion* der über f und g gemachten Voraussetzungen darstellt. Denn die bei Goursat noch vorausgesetzte *Existenz* von f_2 und g_1 ist aufgegeben, und an Stelle der Differentialgleichung (12) $f_2 = g_1$ nur noch die Differenzengleichung (27) getreten.

VI. Funktionen einer komplexen Veränderlichen.

30. Eindeutige Differenzierbarkeit einer Funktion der komplexen Veränderlichen z.

Ist $z \equiv x + yi$, $f(z)$ eine Funktion von z, die in ihren reellen und imaginären Teil zerlegt sei

$$f(z) \equiv u(x, y) + i v(x, y), \tag{1}$$

so sind u und v reelle Funktionen der beiden reellen Veränderlichen x, y. $f(z)$ heißt bei $z_0 \equiv x_0 + y_0 i$ (total) *stetig*, wenn u und v bei der Stelle x_0, y_0 total stetig sind.

Die Funktion $f(z)$ hat in z_0 einen eindeutig bestimmten endlichen Differentialquotienten $f'(z_0)$ oder sie ist dort *eindeutig differenzierbar*, wenn

$$\lim_{z \to z_0} \frac{f(z) - f(z_0)}{z - z_0} = f'(z_0), \tag{2}$$

d. h. wenn der Differenzenquotient links gegen einen bestimmten endlichen Grenzwert rechts konvergiert, wie auch $z \to z_0$ konvergiert. (2) ist gleichbedeutend mit

$$|f(z) - f(z_0) - (z - z_0) f'(z_0)| < \varepsilon \, |z - z_0|, \text{ falls } |z - z_0| < \delta, \tag{3}$$

wo ε eine beliebig, δ eine hinlänglich kleine positive Zahl ist.

Ist nun $f(z) \equiv u(x, y) + i v(x, y)$, $f'(z) \equiv \bar{u}(x, y) + i \bar{v}(x, y)$, so muß sich $f'(z_0)$ als *derselbe* Grenzwert $\bar{u}(x_0, y_0) + i \bar{v}(x_0, y_0)$ ergeben, wenn y_0 fest bleibt und $x \to x_0$, oder wenn x_0 fest bleibt und $y \to y_0$ konvergiert, d. h. $\bar{u}(x_0, y_0) + i \bar{v}(x_0, y_0)$ ist gleich jedem der beiden Ausdrücke

$$\left.\begin{aligned} &\lim_{x \to x_0} \frac{u(x, y_0) + i v(x, y_0) - u(x_0, y_0) - i v(x_0, y_0)}{x - x_0} = u_1(x_0, y_0) + i v_1(x_0, y_0) \\ &\lim_{y \to y_0} \frac{u(x_0, y) + i v(x_0, y) - u(x_0, y_0) - i v(x_0, y_0)}{i(y - y_0)} = \frac{1}{i} u_2(x_0, y_0) + v_2(x_0, y_0). \end{aligned}\right\} \tag{4}$$

Also folgt durch Gleichsetzung der reellen und der imaginären Teile

$$\left.\begin{aligned} \bar{u}(x_0,y_0) &= u_1(x_0,y_0) = v_2(x_0,y_0) \\ \bar{v}(x_0,y_0) &= v_1(x_0,y_0) = -u_2(x_0,y_0)\,, \end{aligned}\right\} \tag{5}$$

d. h. die Funktionen $u(x,y)$ und $v(x,y)$ besitzen alle vier partiellen ersten Ableitungen, und diese erfüllen die sog. *Cauchy-Riemannschen Differentialgleichungen*

$$u_1 = v_2\,,\quad u_2 = -v_1\,. \tag{6}$$

Dabei hat sich nach (4) noch ergeben

$$f'(z) = \frac{\partial f(z)}{\partial x} = \frac{1}{i}\,\frac{\partial f(z)}{\partial y} \tag{7}$$

Endlich läßt sich zeigen, daß u und v total differenzierbar sind. Drückt man nämlich in (3) alles durch x,y und x_0,y_0 aus und setzt dabei abkürzend $u(x,y)\equiv u$, $u(x_0,y_0)\equiv u_0$, usw., so lautet Formel (3)

$$\left.\begin{aligned} |u+vi-u_0-v_0 i-\big(x-x_0+i(y-y_0)\big)\,(u_{10}+iv_{10})| \\ < \varepsilon\,|x-x_0+i(y-y_0)|\,, \end{aligned}\right\} \tag{8}$$

$$\text{falls } |x+iy-x_0-iy_0| < \delta\,.$$

Da nun bei einer komplexen Zahl $a+bi$, wie hier drei solche zwischen den Absolutheitsstrichen stehen,

$$|a| \text{ und } |b| \leqq |a+bi| \leqq |a|+|b| \text{ und } |a+bi|<\delta, \text{ wenn } |a| \text{ und } |b|<\frac{\delta}{\sqrt{2}}\,,$$

so folgt aus (8) und (6)

$$\left.\begin{aligned} |u-u_0-(x-x_0)\,u_{10}-(y-y_0)\,u_{20}| &< \varepsilon\{|x-x_0|+|y-y_0|\} \\ |v-v_0-(x-x_0)\,v_{10}-(y-y_0)\,v_{20}| &< \varepsilon\{|x-x_0|+|y-y_0|\} \end{aligned}\right\} \tag{9}$$

$$\text{falls } |x-x_0|<\frac{\delta}{\sqrt{2}}\,,\quad |y-y_0|<\frac{\delta}{\sqrt{2}}\,,$$

d. h. nach Art. 10: *u und v sind total differenzierbar.*

Umgekehrt aber folgt aus den Formeln (9) und (6) die Formel (8), also (3), in der nur ε durch $2\,\varepsilon$ ersetzt ist. Somit hat sich ergeben:

$f(z)$ hat dann und nur dann einen eindeutig bestimmten endlichen Differentialquotienten $f'(z)$ oder sie ist dann und nur dann eindeutig differenzierbar, wenn u und v total differenzierbar sind und ihre partiellen Ableitungen die Cauchy-Riemannschen Differentialgleichungen (6) *erfüllen.*

31. Der komplexe Goursatsche Integralsatz.

Das Integral der Funktion $f(z)$ auf einem Weg C von z_0 bis z_1 erklären wir unter Zerlegung von $f(z)$ und dz in den reellen und imaginären Teil, d. h. durch die Formel

$$\oint_{z_0}^{z_1} f(z)\,dz \equiv \oint_{x_0,\,y_0}^{x_1,\,y_1} (u\,dx - v\,dy) + i \oint_{x_0,\,y_0}^{x_1,\,y_1} (v\,dx + u\,dy)\,. \tag{10}$$

Dies ist nach Art. 14, 15 vollkommen gleichbedeutend mit der direkten Definition des komplexen Kurvenintegrals als Grenzwert einer Summe

$$\oint_{z_0}^{z} f(z)\,dz = \lim_{n\to\infty} \sum_{1}^{n}{}^{k} f(\zeta_k)\,(z_k - z_{k-1}), \tag{10a}$$

wo ζ_k ein beliebiger Wert von z aus dem Rechteck $[k-1, k]$ ist (s. Art. 14). Dabei kann C z. B. ein *Treppenweg* sein, so daß sich die Integrale in (10) rechts aus lauter reellen Integralen zusammensetzen, in denen teils bei konstantem y über ein x-Intervall, teils bei konstantem x über ein y-Intervall integriert wird.

Das komplexe Integral (10) ist also dann und nur dann in einem Bereich G vom Integrationsweg unabhängig oder $f(z)$ in G eindeutig integrierbar, mit anderen Worten das Integral über eine *geschlossene* Kurve erstreckt $=0$, wenn dasselbe von den reellen Integralen rechts gilt. Die Voraussetzungen des vorigen Artikels für die eindeutige Differenzierbarkeit von $f(z)$ in G sind aber gerade diejenigen des reellen Cauchy-Goursatschen Satzes (Art. 28) für die beiden Integrale in (10) rechts. Also hat man zunächst den *komplexen Goursatschen Satz:*

Wenn die Funktion $f(z)$ im Bereich G eindeutig differenzierbar ist, ist sie dort auch eindeutig integrierbar. In Art. 37 wird sich herausstellen, daß für eine stetige Funktion $f(z)$ auch die Umkehrung gilt.

32. Achsenparallel eindeutige Integrierbarkeit von $f(z)$ in einem Bereich G.

Jetzt aber wollen wir für die *achsenparallel eindeutige Integrierbarkeit* von $f(z)$ aus Art. 29 eine wichtige Ausdrucksform gewinnen.

Wenn die Funktion $f(z) \equiv u(x,y) + i\,v(x,y)$ im Bereich G bei jedem Wert von y in bezug auf x und bei jedem Wert von x in bezug auf y integrierbar ist, so ist die eindeutige Integrierbarkeit von $f(z)$ für jedes achsenparallele, ganz zu G gehörige Rechteck $R \equiv [(a,\alpha)\,(b,\beta)]$

$$\oint_R f(z)\,dz = 0, \quad \text{d. h.}$$

$$\left.\begin{aligned} &\int_a^b u(x,\alpha)\,dx - \int_\alpha^\beta v(b,y)\,dy + \int_b^a u(x,\beta)\,dx - \int_\beta^\alpha v(a,y)\,dy = 0 \\ &\int_a^b v(x,\alpha)\,dx + \int_\alpha^\beta u(b,y)\,dy + \int_b^a v(x,\beta)\,dx + \int_\beta^\alpha u(a,y)\,dy = 0, \end{aligned}\right\} \tag{11}$$

mit anderen Worten die eindeutige achsenparallele Integrierbarkeit von $f(z)$ von jeder inneren Stelle a,α in G aus, völlig gleichbedeutend mit den beiden für jedes Rechteck R in G geltenden Differenzengleichungen

$$\left.\begin{aligned} \frac{u_{ab}(x,\alpha) - u_{ab}(x,\beta)}{\alpha - \beta} &= -\frac{v_{\alpha\beta}(a,y) - v_{\alpha\beta}(b,y)}{a-b} \\ \frac{v_{ab}(x,\alpha) - v_{ab}(x,\beta)}{\alpha - \beta} &= \frac{u_{\alpha\beta}(a,y) - u_{\alpha\beta}(b,y)}{a-b}, \end{aligned}\right| \tag{12}$$

wo wieder $u_{ab}(x,\alpha)$ den Mittelwert von $u(x,\alpha)$ in (a,b) bedeutet usw.

Die Gleichungen (11) oder (12) stellen eine doppelte Bindung zwischen $u(x,y)$ und $v(x,y)$ dar, bei der Differentialquotienten *nicht* auftreten, und lassen in embryonaler Gestalt schon die Cauchy-Riemannschen Differentialgleichungen erkennen. Nach dem Beweis in Art. 29 gehen sie aber in diese über, sobald man noch die Voraussetzung hinzunimmt, daß u und v beide in G *total differenzierbar* sind. Bezeichnen wir also entsprechend Art. 29 für den betrachteten Bereich die Goursatschen Voraussetzungen des komplexen Satzes mit (G), die Voraussetzung der eindeutigen achsenparallelen Integrierbarkeit von $f(z)$, d. h. (11) oder (12), mit (EJ), die Voraussetzung der Stetigkeit von u und v mit (S) und die Voraussetzung ihrer totalen Differenzierbarkeit mit (T), so ist nach dem Vorstehenden

$$(G) = (EJ) + (S) + (T)\,.$$

D. h. die Goursatschen Voraussetzungen sind in die eindeutige achsenparallele Integrierbarkeit von $f(z)$ (EJ), die nur die unentbehrliche. doppelte Verknüpfung zwischen u und v ausdrückt, in die Stetigkeit (S) und in die totale Differenzierbarkeit von u und v (T) zerlegt. Sie enthalten also *wesentlich mehr* als die Voraussetzungen $(EJ)+(S)$.

Wir haben daher, entsprechend Art. 29, das Resultat: Die *Voraussetzung* der vom komplexen Goursatschen Integralsatz *behaupteten* achsenparallel eindeutigen Integrierbarkeit von $f(z)$ von jeder inneren Stelle in G aus enthält erheblich *weniger* als für deren *Beweis* bei Goursat vorausgesetzt wird. — Auch läßt (12) die weitere *Reduktion* der Voraussetzungen über $f(z)$ erkennen: Die *Existenz* von $f'(z)$, d. h. die von u_1, u_2, v_1, v_2 ist aufgegeben, und an die Stelle der Cauchy-Riemannschen Differentialgleichungen sind nur noch die Differenzengleichungen (12) getreten.

Es wird sich aber zeigen, daß für unsern Endzweck schon die Voraussetzungen $(EJ)+(S)$ genügen. Dieser Endzweck ist bei Cauchy, bei Goursat und bei uns der Nachweis, daß $f(z)$ in G *analytisch*, d. h. überall in G in eine gewöhnliche Potenzreihe entwickelbar ist. Hierzu brauchen wir für $f(z)$ den Ausdruck durch die sog. Cauchysche Integral*formel* und zu deren Gewinnung zunächst die Feststellung: Wenn $f(z)$ in G überall stetig und eindeutig integrierbar ist, so gilt das auch für $\frac{f(z)}{t-z}$ in jedem Teilbereich von G, der den Punkt $z=t$ *nicht* enthält. Das ist bei den alten Cauchyschen und bei den Goursatschen Voraussetzungen über $f(z)$ evident. Denn wenn $f(z)$ einen bestimmten Differentialquotienten besitzt, so gilt das auch für $\frac{f(z)}{z-t}$, sobald $z=t$ ausgeschlossen ist. Also ist nach dem Cauchy-Goursatschen Satz auch $\frac{f(z)}{t-z}$ eindeutig integrierbar. Wird aber direkt nur die eindeutige Integrierbarkeit von $f(z)$ (12) vorausgesetzt, so muß jene Feststellung erst bewiesen werden. Das leistet der „Hauptsatz" des folgenden Artikels.

33. Hauptsatz*.

Ist die im Bereich G stetige Funktion $f(z) \equiv u(x,y) + i\,v(x,y)$ *von jeder inneren Stelle* a, α *aus achsenparallel eindeutig integrierbar*, d. h. ist für jedes ganz zu G gehörige Rechteck $R \equiv [(a, \alpha)\ (b, \beta)]$ das Integral $\oint\limits_R f(z)\,dz = 0$, *ist ferner* $h(z) \equiv \varphi(x,y) + i\,\psi(x,y)$ *eine mit ihrer Ableitung* $h'(z)$ *in G stetige Funktion*, die also den Cauchy-Riemannschen Differentialgleichungen

$$\varphi_1 = \psi_2, \quad \varphi_2 = -\psi_1 \tag{13}$$

genügt, so ist auch

$$\oint\limits_R f(z)\,h(z)\,dz = 0\,. \tag{14}$$

In den reellen und imaginären Teil zerlegt, lautet also die behauptete Gleichung (14)

$$\left.\begin{aligned} \oint\limits_R f(z)\,h(z)\,dz \equiv \oint\limits_R &\left[(u\varphi - v\psi)\,dx - (u\psi + v\varphi)\,dy\right] \\ + i \oint\limits_R &\left[(u\psi + v\varphi)\,dx + (u\varphi - v\psi)\,dy\right] = 0\,. \end{aligned}\right\} \tag{15}$$

Wir führen den Beweis, daß zunächst das erste der beiden Integrale rechts $= 0$ ist, mit der schon in Art. 27 benutzten *Doppelsummenmethode*. Wir teilen also die Seiten (a, b) und (α, β) von R in n gleiche Teile durch die Teilpunkte $x_1, x_2, \ldots, x_{n-1}$ bzw. $y_1, y_2, \ldots, y_{n-1}$ und zerlegen R durch Parallele zu den Achsen durch diese Teilpunkte in n^2 kleinere Rechtecke $R_{\mu\nu} \equiv [(x_\mu, y_\nu)\ (x_{\mu+1}, y_{\nu+1})]$. Haben dann $u_{\mu,\mu+1}$ usw. die entsprechende Bedeutung wie in (12), so bilden wir die Doppelsumme

$$\left.\begin{aligned} &\sum_{\mu\nu} S_{\mu\nu} \\ &\sum_{\mu\nu} \big[u_{\mu,\mu+1}(x, y_\nu)\,\varphi(x_\mu, y_\nu) - u_{\mu,\mu+1}(x, y_{\nu+1})\,\varphi(x_\mu, y_{\nu+1}) \\ &\qquad - v_{\mu,\mu+1}(x, y_\nu)\,\psi(x_\mu, y_\nu) + v_{\mu,\mu+1}(x, y_{\nu+1})\,\psi(x_\mu, y_{\nu+1})\big]\,(x_{\mu+1} - x_\mu) \\ &\sum_{\mu\nu} \big[-u_{\nu,\nu+1}(x_\mu, y)\,\psi(x_\mu, y_\nu) + u_{\nu,\nu+1}(x_{\mu+1}, y)\,\psi(x_{\mu+1}, y_\nu) \\ &\qquad - v_{\nu,\nu+1}(x_\mu, y)\,\varphi(x_\mu, y_\nu) + v_{\nu,\nu+1}(x_{\mu+1}, y)\,\varphi(x_{\mu+1}, y_\nu)\big]\,(y_{\nu+1} - y_\nu)\,. \end{aligned}\right\} \tag{16}$$

Führt man in der ersten Teilsumme die Summation über $\nu = 0, 1, 2, \ldots, n-1$ bei festem μ, in der zweiten die über dieselben Werte von μ bei System ν aus, so heben sich alle über die inneren Strecken gebildeten Terme fort, und es folgt

---

* L. Heffter, Journ. f. Math. 175 (1936).

$$\left.\begin{aligned}\sum_{\mu\nu} S_{\mu\nu} &= \sum_{\mu}\big[u_{\mu,\mu+1}(x,\alpha)\,\varphi(x_\mu,\alpha) - u_{\mu,\mu+1}(x,\beta)\,\varphi(x_\mu,\beta)\\ &\quad - v_{\mu,\mu+1}(x,\alpha)\,\psi(x_\mu,\alpha) + v_{\mu,\mu+1}(x,\beta)\,\psi(x_\mu,\beta)\big]\,(x_{\mu+1}-x_\mu)\\ &+\sum_{\nu}\big[-u_{\nu,\nu+1}(a,y)\,\psi(a,y_\nu) + u_{\nu,\nu+1}(b,y)\,\psi(b,y_\nu)\\ &\quad - v_{\nu,\nu+1}(a,y)\,\varphi(a,y_\nu) + v_{\nu,\nu+1}(b,y)\,\varphi(b,y_\nu)\big]\,(y_{\nu+1}-y_\nu)\,.\end{aligned}\right\} \tag{17}$$

Also ist unter Benutzung von Art. 7a

$$\lim_{n\to\infty}\sum S_{\mu\nu} = \oint_R \left[(u\varphi - v\psi)\,dx - (u\psi + v\varphi)\,dy\right]. \tag{18}$$

Andererseits aber ist $\lim \sum S_{\mu\nu} = 0$. Denn setzt man in (16)

$$\left.\begin{aligned}\varphi(x_\mu,y_{\nu+1}) &= \varphi(x_\mu,y_\nu) + \varphi_2(x_\mu,\eta_{\mu\nu})\,(y_{\nu+1}-y_\nu)\\ \psi(x_\mu,y_{\nu+1}) &= \psi(x_\mu,y_\nu) + \psi_2(x_\mu,\eta'_{\mu\nu})\,(y_{\nu+1}-y_\nu)\\ \varphi(x_{\mu+1},y_\nu) &= \varphi(x_\mu,y_\nu) + \varphi_1(\xi_{\mu\nu},y_\nu)\,(x_{\mu+1}-x_\mu)\\ \psi(x_{\mu+1},y_\nu) &= \psi(x_\mu,y_\nu) + \psi_1(\xi'_{\mu\nu},y_\nu)\,(x_{\mu+1}-x_\mu)\,,\end{aligned}\right\} \tag{19}$$

wo $\eta_{\mu\nu}$ und $\eta'_{\mu\nu}$ im Intervall $(y_\nu, y_{\nu+1})$, $\xi_{\mu\nu}$ und $\xi'_{\mu\nu}$ im Intervall $(x_\mu, x_{\mu+1})$ liegen, so heben sich unter Benutzung der Formeln (12) für das Rechteck $R_{\mu\nu}$ alle Glieder mit den Faktoren $\varphi(x_\mu, y_\nu)$ und $\psi(x_\mu, y_\nu)$ fort, und, wenn man nach (13) noch $\varphi_1 = \psi_2$, $\varphi_2 = -\psi_1$ setzt, so bleibt

$$\left.\begin{aligned}S_{\mu\nu} = \big[&-u_{\mu,\mu+1}(x,y_{\nu+1})\,\varphi_2(x_\mu,\eta_{\mu\nu}) + v_{\mu,\mu+1}(x,y_{\nu+1})\,\varphi_1(x_\mu,\eta'_{\mu\nu})\\ &+ u_{\nu,\nu+1}(x_{\mu+1},y)\,\varphi_2(\xi'_{\mu\nu},y_\nu) - v_{\nu,\nu+1}(x_{\mu+1},y)\,\varphi_1(\xi_{\mu\nu},y_\nu)\big]\\ &\qquad (x_{\mu+1}-x_\mu)\,(y_{\nu+1}-y_\nu)\,.\end{aligned}\right\} \tag{20}$$

Da u und φ_2, ebenso v und φ_1 in dem Rechteck R stetig, also gleichmäßig stetig sind und da alle in dem allgemeinen Summenglied (20) auftretenden Wertepaare von x, y demselben Teilrechteck $R_{\mu\nu}$ angehören — wegen der Stetigkeit von u und v kann ja $u_{\mu,\mu+1}(x, y_{\nu+1})$ durch $u(\bar{\xi}, y_{\nu+1})$, wo $\bar{\xi}$ in $(x_\mu, x_{\mu+1})$, ersetzt werden usw. —, so ist, wenn ε eine beliebig kleine positive Zahl ist, bei hinlänglich großem n

$$\varphi_2(\xi'_{\mu\nu}, y_\nu) = \varphi_2(x_\mu, \eta_{\mu\nu}) + \vartheta\varepsilon \qquad (-1 < \vartheta < 1) \tag{21}$$

$$u_{\nu,\nu+1}(x_{\mu+1}, y) = u_{\mu,\mu+1}(x, y_{\nu+1}) + \vartheta'\varepsilon \qquad (-1 < \vartheta' < 1)\,. \tag{22}$$

Das erste und das dritte Glied der [ ] in (20) liefern also zusammen

$$u_{\mu,\mu+1}(x, y_{\nu+1})\,\vartheta\varepsilon + \varphi_2(x_\mu, \eta_{\mu\nu})\,\vartheta'\varepsilon + \vartheta\vartheta'\varepsilon^2\,. \tag{23}$$

Entsprechend wird das zweite und vierte Glied umgeformt. Bezeichnet man dann den Maximalwert von $|u|$, $|v|$, $|\varphi_1|$, $|\varphi_2|$ im Rechteck R mit M, so folgt

$$\left|\sum S_{\mu\nu}\right| \leqq \frac{b-a}{n}\,\frac{\beta-\alpha}{n}\,2\,\varepsilon(2M+\varepsilon)\,n^2 = 2\,\varepsilon(b-a)\,(\beta-\alpha)\,(2M+\varepsilon) \tag{24}$$

d. h.

$$\lim_{n\to\infty}\sum S_{\mu\nu} = 0\,. \tag{25}$$

Durch (18) und (25) ist gezeigt, daß das erste der Integrale in (15) rechts $=0$ ist. Das zweite geht aber aus dem ersten hervor, wenn man φ durch ψ, ψ durch $-\varphi$ ersetzt, wobei das Formelpaar (13) ungeändert bleibt. Also gilt der Beweis auch für das zweite Integral in (15). — Damit ist der Hauptsatz bewiesen, und sein Beweis ist einfacher als der des Goursatschen Satzes in Art. 28[1].

Wählt man speziell $f(z)=1$, also $u=1$, $v=0$, wobei alle Voraussetzungen des Hauptsatzes erfüllt sind, so liefert dieser die Gleichung

$$\oint_R h(z)\,dz = 0 \tag{26}$$

d. h. den Cauchyschen Integralsatz in seiner ältesten Form für eine Funktion $h(z)$ mit stetiger Ableitung $h'(z)$. Dabei reduziert sich der vorstehende Beweis auf den von Art. 27, der also hier nicht etwa vorausgesetzt wird.

Die nun in Art. 34 und 35 folgende Entwicklung ist das gemeinsame Endstück des Weges von Cauchy, von Goursat und des unsrigen.

34. Die Cauchysche Integralformel für $f(z)$.

Ist z irgendein innerer Wert des Bereichs G und bezeichnet man deshalb die Integrationsvariable statt mit z mit t, so ist

$$h(t) \equiv \frac{1}{t-z} \tag{27}$$

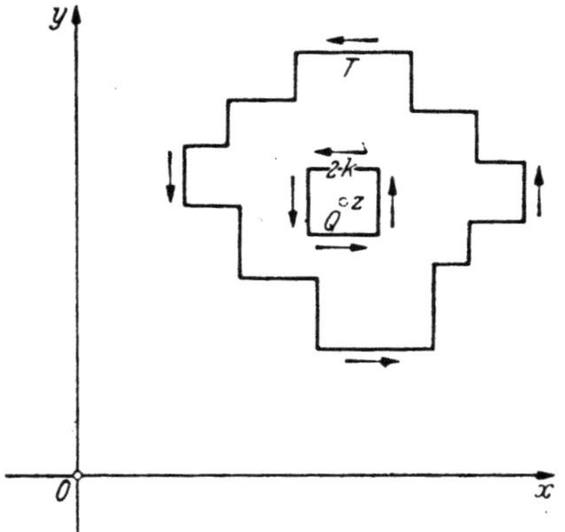

Figur 7.

eine Funktion von t, die in jedem Teilbereich von G, der z nicht enthält, die Voraussetzungen des Hauptsatzes erfüllt. Umgibt man also (Fig. 7) z als Mittelpunkt mit einem kleinen Quadrat Q von der Seitenlänge $2k$, und ist T eine einfach geschlossene Treppenlinie, die ganz im Bereich G verläuft und einen Teil von G, dem z und Q angehören, begrenzt, so folgt aus dem Hauptsatz

$$\oint_T \frac{f(t)\,dt}{t-z} - \oint_Q \frac{f(t)\,dt}{t-z} = 0\,, \tag{28}$$

[1] Herr Knopp hatte die Freundlichkeit, mir brieflich eine Umformung des vorstehenden Beweises mitzuteilen: Das Integral über den Rand von R ist gleich der Summe der Integrale über die Ränder aller $R_{\mu\nu}$. Das ist natürlich eine Vereinfachung des ersten Teiles des Beweises. Um dann aber zu zeigen, daß die Summe aller Einzelintegrale gleich Null ist, braucht Herr Knopp u. a. den Satz: Eine Funktion $h(z)$ mit in G überall stetiger Ableitung $h'(z)$ ist „gleichmäßig differenzierbar" in G. Fügt man aber den Beweis dieses Satzes hinzu, was bei einer so grundlegenden Frage wohl unbedingt erforderlich ist, so wird der ganze Beweis doch eher länger als der im Text gegebene von 1936.

wobei beide Integrationen nach Art. 26 in demselben Sinn, etwa dem positiven des Koordinatensystems, zu erstrecken sind. Das zweite und damit das erste Integral soll berechnet werden. Da es aber für jedes Rechteck, das z *nicht* enthält, $=0$ ist, so kann Q, d. h. k, ohne Wertänderung des Integrals beliebig klein gewählt werden. Auch für diesen Schluß war der Hauptsatz notwendig. Wenn also noch gezeigt wird, daß für $k \longrightarrow 0$ das über Q erstreckte Integral sich einem bestimmten endlichen Grenzwert nähert, so ist dieser der Wert des ersten Integrals. (Hierfür erst dürfte die Stetigkeit von $f(z)$ unentbehrlich sein, während der Hauptsatz selbst auch unter etwas geringeren Voraussetzungen bewiesen werden kann.)

Zur Vereinfachung der Rechnung nehmen wir an, es sei $z=0$, was ja durch eine Koordinatenverschiebung erreicht werden kann. Dann ist zu untersuchen

$$\left.\begin{aligned}\lim_{k\to 0}\oint_Q \frac{f(t)\,dt}{t} &\equiv \lim_{k\to 0}\oint_Q \frac{(u\,x+v\,y)\,d\,x+(u\,y-v\,x)\,d\,y}{x^2+y^2}\\ &+ i\lim_{k\to 0}\oint_Q \frac{(v\,x-u\,y)\,d\,x+(u\,x+v\,y)\,d\,y}{x^2+y^2}\,.\end{aligned}\right\} \qquad (29)$$

Das erste Integral rechts ist

$$\left.\begin{aligned}&\int_{-k}^{+k}[u(x,-k)-u(x,k)]\,\frac{x\,d\,x}{x^2+k^2}-\int_{-k}^{+k}[v(x,-k)+v(x,k)]\,\frac{k\,d\,x}{x^2+k^2}\\ +&\int_{-k}^{+k}[u(k,y)-u(-k,y)]\,\frac{y\,dy}{y^2+k^2}-\int_{-k}^{+k}[v(k,y)+v(-k,y)]\,\frac{k\,d\,y}{y^2+k^2}\\ &\equiv J_1-J_2+J_3-J_4\,.\end{aligned}\right\} \qquad (30)$$

Da bei J_2 der zweite Faktor im Intervall $(-k,k)$ stets positiv ist, so ist nach dem Cauchyschen Mittelwertsatz der Integralrechnung (Art. 7b)

$$\left.\begin{aligned}J_2 = [v(\vartheta k,-k)+v(\vartheta k,k)]\int_{-k}^{+k}\frac{k\,d\,x}{x^2+k^2} &= [v(\vartheta k,-k)+v(\vartheta k,k)]\,\frac{\pi}{2}\\ (-1<\vartheta<1)\,,&\end{aligned}\right\} \qquad (31)$$

also wegen der Stetigkeit von v

$$\lim_{k\to 0} J_2 = v(0,0)\,\pi\,. \qquad (32)$$

Ebenso ergibt sich $\lim J_4 = v(0,0)\,\pi$, also

$$\lim_{k\to 0}(-J_2-J_4) = -2\,\pi\,v\,(0,0)\,. \qquad (33)$$

Bezeichnet man in J_1 den Maximalwert von $|u(x,-k)-u(x,k)|$ im Intervall $(-k,k)$ mit M_k, so daß $\lim M_k=0$, so ist

$$|J_1| \leqq \int_{-k}^{+k} M_k\,\frac{k}{k^2}\,dx = 2\,M_k\,. \qquad (34)$$

Also ist $\lim J_1 = 0$, und ebenso folgt $\lim J_3 = 0$.

Somit hat man

$$v(0,0) = \frac{1}{2\pi} \oint_Q \frac{(u x + v y)\,d x + (u y - v x)\,d y}{x^2 + y^2}\,. \tag{35}$$

Da das zweite Integral in (29) aus dem ersten entsteht, wenn man u durch v und v durch $-u$ ersetzt, so ist

$$u(0,0) = \frac{1}{2\pi} \oint_Q \frac{(v x - u y)\,d x + (u x + v y)\,d y}{x^2 + y^2}\,. \tag{36}$$

Aus den letzten beiden Formeln und (29) ergibt sich also

$$f(0) \equiv u(0,0) + i v(0,0) = \frac{1}{2\pi i} \oint_Q \frac{f(t)\,d t}{t} \tag{37}$$

und, wenn man an Stelle von 0 wieder den beliebigen Wert z setzt, so erhält man nach (28) und (37) in

$$f(z) = \frac{1}{2\pi i} \oint_T \frac{f(t)\,d t}{t - z} \tag{38}$$

die sog. *Cauchysche Integralformel.* Sie gibt für die stetige Funktion $f(z)$, die den Differenzengleichungen (12) genügt, einen analytischen Ausdruck, sobald alle Werte von $f(z)$ in den unendlich vielen Punkten einer den Punkt z umschließenden Treppenlinie gegeben sind[1].

35. Von der Integralformel zur Potenzreihendarstellung von $f(z)$.

Nun sei $z = a$ ein beliebiger innerer Wert von G und T eine ihn umgebende geschlossene Treppenlinie, die ganz innerhalb G verläuft und einen Teil von G vollständig begrenzt, z. B. ein achsenparalleles Quadrat Q mit dem Mittelpunkt a und der Seitenlänge $2q$. Wird dann z beschränkt auf einen Kreis K um a mit Radius r, der ganz innerhalb von Q liegt, so daß $r < q$, so ist für alle Punkte z, für die $|z-a| \leqq r$, und für alle Punkte t auf der Peripherie von Q $|t-a| \geqq q$, also für alle jene z und diese t

$$\left|\frac{z-a}{t-a}\right| \leqq \frac{r}{q} < 1\,. \tag{39}$$

Nach (38) ist dann

$$\left.\begin{aligned} f(z) &= \frac{1}{2\pi i} \oint_Q \frac{f(t)\,d t}{t - z} = \frac{1}{2\pi i} \oint_Q \frac{f(t)\,d t}{(t-a)\left(1 - \frac{z-a}{t-a}\right)} \\ &= \frac{1}{2\pi i} \oint_Q \frac{f(t)\,d t}{t-a} \left[1 + \frac{z-a}{t-a} + \left(\frac{z-a}{t-a}\right)^2 + \cdots\right], \end{aligned}\right\} \tag{40}$$

wo nach (39) die Potenzreihe [] von $\frac{z-a}{t-a}$ für alle bei der Integration auftretenden t und für alle z innerhalb und auf K „*gleichmäßig kon-*

[1] Natürlich kann die vorstehende Rechnung erheblich vereinfacht werden, wenn man statt des Quadrates Q einen kleinen *Kreis* um z benutzt. Nur um zu zeigen, daß hier kein *Kurven*integral erforderlich ist, haben wir das vermieden.

vergiert". Dies bedeutet nach der Theorie der Reihenkonvergenz: Integriert man [ ] gliedweise bis zur n-ten Potenz von $(z-a)/(t-a)$, so ist der absolute Betrag des noch zu integrierenden Restes der Reihe in [ ] kleiner als ein beliebig kleines positives ε bei *demselben* n für *alle* z und t. Hat ferner für alle t auf der Peripherie von Q die stetige Funktion $|f(t)|$ den Maximalwert F, so ist für das Integral des Reihenrestes

$$\left.\begin{aligned} &\left|\frac{1}{2\pi i}\oint_Q \frac{f(t)\,dt}{t-a}\left[\left(\frac{z-a}{t-a}\right)^{n+1}+\cdots\right]\right| \\ &< \frac{\varepsilon}{2\pi}\frac{F}{q}\oint_Q |dt| = \frac{\varepsilon}{2\pi}\frac{F}{q}\cdot 8q = \frac{4F}{\pi}\cdot\varepsilon, \end{aligned}\right\} \tag{41}$$

d. h. beliebig klein. Die Reihe kann also gliedweise integriert werden, und man erhält die in K konvergente Reihe

$$f(z) = c_0 + c_1(z-a) + c_2(z-a)^2 + \cdots \equiv \mathfrak{P}(z-a), \tag{42}$$

wobei

$$c_n = \frac{1}{2\pi i}\oint_Q \frac{f(t)\,dt}{(t-a)^{n+1}}. \tag{43}$$

$f(z)$ heißt deshalb eine *analytische Funktion* von z.

Durch *diesen* analytischen Ausdruck (42) wird der Wert von $f(z)$ in dem ganzen Konvergenzkreis von $\mathfrak{P}(z-a)$ gegeben, sobald die Werte der unendlich vielen Koeffizienten c_k oder, w. d. i., die Werte von $f(z)$ und ihren unendlich vielen Ableitungen für $z=a$ gegeben sind.

Durch dieses Resultat sind die beiden Eingangswege in die Funktionentheorie zusammengeführt: der ältere von Cauchy, der von gewissen *Eigenschaften* der Funktion $f(z)$ ausgehend zu ihrer Darstellung durch eine *Potenzreihe* gelangt, und der von Weierstraß, der von der Darstellung von $f(z)$ durch eine *Potenzreihe* ausgeht und daraus ihre *Eigenschaften* ableitet. Deshalb eben war es für den Cauchyschen Weg wünschenswert, die vorausgesetzten Eigenschaften von $f(z)$ auf ein Minimum zu reduzieren. Das ist hier in Art. 32 erreicht, wie der Hauptsatz in Art. 33 und die Gewinnung der Integralformel in Art. 34 zeigt. Dadurch ist in gewissem Sinn der Cauchysche Integral*satz* zugunsten der Cauchyschen Integral*formel* entthront worden.

36. Der Satz von Morera.

Bei der fortgesetzten Reduktion der Voraussetzungen über $f(z)$ sind wir schließlich zu der eindeutigen Integrierbarkeit von $f(z)$ wenigstens für jedes achsenparallele Rechteck in G gelangt. Wir begegnen uns deshalb mit einem Satz, der ebenfalls die eindeutige Integrierbarkeit von $f(z)$ als Voraussetzung benutzt, dem Satz von Morera.

Aus dem Satz am Schluß von Art. 22 für reelle Funktionen der reellen Variablen x, y folgt unmittelbar für eine Funktion der komplexen Variablen z: *Die in dem Bereich G stetige Funktion $f(z)$ ist dann* *und nur dann in G eindeutig integrierbar, wenn sie die Ableitung einer in G eindeutigen Funktion F(z) ist.* Und zwar ist

$$F(z) \equiv \int_{z_0}^{z} f(z)\,dz \tag{40}$$

eine solche Funktion. Hieraus folgt der *Satz von Morera: Wenn die in G stetige Funktion f(z) in G eindeutig integrierbar ist, so ist sie in G analytisch.* Denn dann ist $F(z)$ eine stetige Funktion mit der stetigen Ableitung $f(z)$, also nach dem Cauchyschen Integralsatz ältester Form analytisch; also gilt das auch für $f(z)$.

Das ist auch der Gedankengang des bisher wohl allgemein üblichen Beweises des Moreraschen Satzes. Dabei wird also der Begriff des *Kurvenintegrals* von $f(z)$, seine im Fall der eindeutigen Integrierbarkei vorhandene *Differenzierbarkeit nach der oberen Grenze*, wobei $\frac{d}{dz}\int_{z_0}^{z} f(z)\,dz = f(z)$, und schließlich der *Cauchysche Integralsatz ältester Form* vorausgesetzt. Durch den Hauptsatz in Art. 33 und die Gewinnung der Cauchyschen Integralformel aus ihm (Art. 34) ist also zunächst ein Beweis des Moreraschen Satzes *ohne den Umweg* über die Funktion $F(z)$, *ohne den Begriff des Kurvenintegrals* und seiner *Differenzierbarkeit* nach der oberen Grenze und *ohne Voraussetzung des Cauchyschen Integralsatzes ältester Form* geliefert, ein Beweis, der vielmehr außer der *Stetigkeit* nur noch die *achsenparallel eindeutige Integrierbarkeit* von $f(z)$ voraussetzt. Der Satz von Morera ist also durch unsere Spezialisierung für jedes achsenparallele Rechteck in G und unsere Vereinfachung seines Beweises so elementar geworden, wie es für ein die Funktionentheorie begründendes Theorem gefordert werden muß.

37. Zusammenfassung für die Begründung der Funktionentheorie*.

Wegen der Wichtigkeit der erzielten Ergebnisse für die Begründung der Funktionentheorie fassen wir sie kurz noch einmal folgendermaßen zusammen.

Damit die in einem Bereich G stetige Funktion $f(z) \equiv u(x,y) + iv(x,y)$ *in G analytisch sei, ist notwendig und hinreichend, daß sie die Ableitung einer in G eindeutigen Funktion* oder — was nach vorigem Art. dasselbe besagt — *von jeder inneren Stelle a, α in G aus eindeutig achsenparallel integrierbar ist,* mit anderen Worten, daß sie für jedes achsenparallele Rechteck $R \equiv [(a,\alpha)\ (b,\beta)]$ in G die Gleichungen (11) oder

$$\left.\begin{aligned} \frac{u_{ab}(x,\alpha)-u_{ab}(x,\beta)}{\alpha-\beta} &= -\frac{v_{\alpha\beta}(a,y)-v_{\alpha\beta}(b,y)}{a-b} \\ \frac{v_{ab}(x,\alpha)-v_{ab}(x,\beta)}{\alpha-\beta} &= \frac{u_{\alpha\beta}(a,y)-u_{\alpha\beta}(b,y)}{a-b} \end{aligned}\right\} \tag{12}$$

---

* L. Heffter, Jahresber. d. D. M.-V. 52 (1941).

erfüllt, wo $u_{ab}(x,\alpha)$ der Mittelwert von $u(x,\alpha)$ in (a,b) ist und wegen der Stetigkeit von $f(z)$, also von u und v, auch $u_{ab}(x,\alpha) = u(\xi_{ab},\alpha)$ gesetzt werden kann, wenn ξ_{ab} einen bestimmten Wert aus dem Intervall (a,b) bedeutet, usw.

Diese *Voraussetzung* ist *notwendig*; denn, wenn $f(z)$ in G *analytisch* ist, so ist sie mit ihrer Ableitung $f'(z)$ stetig, erfüllt also den Cauchyschen Integralsatz ältester Form und folglich auch die Gleichungen (12). Die Voraussetzung ist aber auch *hinreichend*, wie sich in Art. 33–35 gezeigt hat.

Wie durch Goursat ein Fortschritt über Cauchy erzielt wurde, indem die *Stetigkeit* von $f'(z)$ nicht mehr vorausgesetzt zu werden brauchte, so ist hier ein Fortschritt über Goursat erzielt worden, indem auch die *Existenz* von $f'(z)$ fortgelassen werden konnte. Diese enthält nämlich, wie sich gezeigt hat, in den *Cauchy-Riemannschen Differentialgleichungen* eine *unnötig starke* Bindung zwischen u und v, damit $u+iv$ eine analytische Funktion von z sein kann. Statt dessen wird hier die an sich natürlich *unentbehrliche* Verknüpfung zwischen u und v in der erheblich *inhaltsärmeren* Form der achsenparallel eindeutigen Integrierbarkeit vorausgesetzt, in der u_1, u_2, v_1, v_2 gar nicht mehr und statt der Cauchy-Riemannschen Differentialgleichungen nur noch die Gleichungen (12) auftreten. Für die *Begründung der Funktionentheorie* ist also der Goursatsche Satz überholt. Für die *praktische Anwendung* aber wird er seine Bedeutung behalten. Denn zur Entscheidung der oft auftretenden Frage, ob eine speziell vorgelegte Funktion in eine Potenzreihe entwickelbar sei, ist natürlich die Prüfung, ob sie eine Ableitung besitzt, stets der bequemste Weg.

VII. Angaben über Originalliteratur mit erläuternden Bemerkungen.

Zu Kapitel II.

C. Jordan, Cours d'Analyse, 2me Éd. I. (1893) S. 55, 105, 181ff.

E. Study, Über eine besondere Klasse von Funktionen einer reellen Veränderlichen. Math. Ann. 47 (1896) S. 298ff.

A. Pringsheim, Vorlesungen über Zahlen- und Funktionenlehre, II. Band, 2. Abteilung (1932) S. 1108ff.

L. Heffter, Zur Theorie der reellen Kurvenintegrale. Gött. Nachr. Math.-Phys. Kl. (1902), Heft 2, S. 115–140.

Da diese Arbeit eine der Hauptquellen der vorliegenden Schrift geworden ist, verdient sie es vielleicht, daß einige darin enthaltene Versehen hier berichtigt werden. Bezugnahme auf die vorliegende Schrift erfolgt dabei durch das Wort *hier*.

S. 119 lies zweimal $t_k + t_{k-1}$ statt $t_k - t_{k-1}$.
Bestimmung des Rechtecks, in dem ξ_k, η_k gewählt werden darf, besser *hier*.

S. 120 Formel (11) setzt voraus, daß $\varphi(t)$ wenigstens abteilungsweise monoton ist.

S. 130 Z. 10 lies Gl. (2) statt (1).

S. 132 Der letzte Absatz mit seiner Fortsetzung auf S. 133 ist zu streichen. – Gl. (𝔈) folgt aber aus (𝔅) bei Benutzung der unter (*Ca*) vorausgesetzten totalen Stetigkeit von f_2 und g_1 nach Anwendung des Mittelwertsatzes der Differentialrechnung auf beiden Seiten von (𝔅) *ohne* Benutzung der zu streichenden Gleichungen (5).

S. 135 Der nur angedeutete Beweis, daß $\lim \sum R_{\mu\nu}$ = dem Randintegral über das Rechteck ist, erfordert noch eine weitere Voraussetzung. Vgl. Sitz.-Ber. d. Heidelberger Ak., Math.-Nat. Kl. 1932, Abh. 5. Bei der *hier* (Art. 29) gegebenen Darstellung ist der Satz *B* auf S. 134, 135 überflüssig.

S. 136 In Formel (4) ist zweimal + statt — zu setzen.

S. 137 Formel (7) lies ξ statt ζ.
Letzter Absatz hinter „Rechteck" einzuschalten: bis auf ein beliebig schmal zu machendes Rechteck.

S. 139 § 6 Abschnitt I zu streichen.

Zu Kapitel III.

A. Pringsheim, Über den Cauchyschen Integralsatz. Münch. Sitz.-Ber., Bd. 25 (1895), Heft 1.

Enthält viele Angaben über Literatur und Geschichte des Kurvenintegrals. Der Begriff des Treppenintegrals scheint hier zum erstenmal aufzutreten.

L. Heffter, s. Zu Kap. II.

Zu Kapitel IV.

F. J. Stieltjes, Ann. de la fac. des sciences de Toulouse, (1) 8 (1894).

L. Heffter, Kurven- und Stieltjes-Integral. Math. Z. 40 (1935).

Zu Kapitel V und VI:

Historisches zum Cauchyschen Integralsatz und zur Begründung der Funktionentheorie.

Wir nennen hier aus der außerordentlich umfangreichen Literatur über den Cauchyschen Integralsatz ohne jeden Anspruch auf Vollständigkeit in chronologischer Reihenfolge Originalabhandlungen, die in Kap. V und VI benutzt worden sind oder sich mit ihrem Inhalt wesentlich berühren.

1. C. F. Gauß, Brief an Bessel vom 18. Dezember 1811.

Also 3 Jahre vor der ersten Mitteilung von Cauchy läßt erkennen, daß Gauß schon damals mit Cauchys Integralsatz vertraut war und auch seine Bedeutung wohl zu schätzen wußte.

2. A. L. Cauchy, Mémoire sur les intégrales définies. Mémoires présentés par divers savants (lu à l'Institut le 22 août 1814, remis au secrétariat pour etre imprimé le 14 sept. 1825). Sciences mathématiques et physiques. Seconde série, t. I (Paris 1827), S. 599–799.

3. A. L. Cauchy, Mémoire sur les intégrales définies, prises entre des limites imaginaires (Paris 1825) 68 S.

Diese Schrift wird mit Recht als Beginn der Geschichte der Funktionen einer komplexen Veränderlichen betrachtet, wenn auch Cauchys Untersuchungen über die einschlägigen Fragen schon mit Nr. 2 anfangen und sich in mehreren zeitlich zwischen 2. und 3. liegenden Arbeiten fortsetzen. Die Existenz und Stetigkeit der Ableitung der Integrandenfunktion wird vorausgesetzt. Meist wird mit Doppelintegralen gearbeitet, in 2. und 3. nur mit den einfachen Randintegralen.

4. K. Weierstraß, Darstellung einer analytischen Funktion einer komplexen Veränderlichen, deren absoluter Betrag zwischen zwei gegebenen Grenzen liegt, Münster i. W. 1841. Zum erstenmal gedruckt in den Math. Werken I. 1894.

Die Voraussetzungen sind im wesentlichen äquivalent der Existenz und Stetigkeit der Ableitung einer Funktion, und es wird bewiesen, daß diese in eine Laurentsche Reihe entwickelt werden kann.

5. B. Riemann, Grundlagen für eine allgemeine Theorie der Funktionen einer veränderlichen komplexen Größe. In.-Diss., Göttingen 1851.

Die bekannteste Darstellung des Beweises des alten Cauchyschen Satzes mit Doppelintegralen.

6. C. J. Malmsten, On definita integraler mellan imaginära gränser. Vet. Akad. Handlinger, Bd. 6, Nr. 3, 7. April 1865.

7. M. Falk, Démonstration du théorème de Cauchy sur l'intégrale d'une fonction complexe. Nova Acta Reg. Soc. Upsaliensis. Ser. 3. t. XII, 1884.

Diese beiden Beweise von Malmsten und Falk sind bei vorausgesetzter Existenz und Stetigkeit von $f'(z)$ ohne Benutzung von Doppelintegralen streng durchgeführt.

8. G. Mittag-Leffler, Försök till et nytt bevis för en sats inom de definita integralernas teori. Kgl. Svenska Akad. Öfversikt 1873. Nr. 8. Wieder abgedruckt Gött. Nachr. 1875.

Hier wird wohl zum erstenmal eine Doppelsumme benutzt. Aber der Beweis leidet, worauf Pringsheim 1929 aufmerksam machte, daran, daß die erforderliche gleichmäßige Nullkonvergenz der Differenz zwischen Differenzenquotient und Differentialquotient von $f(z)$ in dem betrachteten Bereich fehlt. — 50 Jahre später hat Mittag-Leffler, Le théorème de Cauchy sur l'intégrale d'une fonction entre des limites imaginaires, Helsingfors 1923, deutsche Übersetzung im Journ. f. d. r. u. a. Math. 152 (1923), diesen Beweis umgeformt, wobei er die Existenz von $f'(z)$ gar nicht mehr benutzt und mit der gleichmäßigen Nullkonvergenz einer Differenz von Differenzenquotienten arbeitet.

9. E. Goursat, Démonstration du théorème de Cauchy. Acta Math. 4, 1884.

Benutzt zwar nicht die Stetigkeit von $f'(z)$, aber die „gleichmäßige Differenzierbarkeit" von $f(z)$ in dem betrachteten Gebiet.

10. G. Morera, Un teorema fondamentale nella teoria delle funzioni di una variabile complessa. Rend. R. Ist. Lomb. (2) 19 (1886). Siehe *hier* Art. 36.

11. A. Pringsheim 1895, siehe zu Kap. III.

Beweis des reellen Cauchyschen Satzes unter der Voraussetzung, daß f, g, f_2, g_1 in G überall eindeutig, endlich und stetig und $f_2 = g_1$, ohne Benutzung von Doppelintegralen oder Doppelsummen. — Der Beweis ist 1902 von L. Heffter in der zu Kap. II genannten Arbeit mit der Doppelsummenmethode erheblich einfacher geführt worden. Siehe *hier* Art. 27.

12. E. Goursat, Sur la définition générale des fonctions analytiques. Trans. of the Amer. math. Soc. 1 (1900).

Diese Arbeit bedeutet einen wesentlichen Fortschritt gegen alles Vorangehende, indem sie zuerst die Stetigkeit von $f'(z)$ nicht voraussetzt, ohne eine dieser gleichwertige Voraussetzung aufzunehmen. Sie befreit den unter 9. genannten Beweis von einer solchen durch ein gewisses Lemma über die Einteilung des von der geschlossenen Kurve C begrenzten Gebietes. Der Cauchy-Goursatsche Satz erregte berechtigtes Aufsehen und löste eine neue Hochflut von Abhandlungen aus, die teils den Goursatschen Beweis weiter vereinfachen, teils den Satz selbst unter noch geringeren Voraussetzungen beweisen wollten.

13. E. H. Moore, A simple proof of the fundamental Cauchy-Goursat theorem. Trans. of the Amer. math. Soc. 1 (1900).

Vereinfacht den Beweis des Cauchy-Goursatschen Satzes wesentlich, indem er durch einen neuen Gedanken das Lemma ausschaltet und eine Gebietseinteilung in lauter — abgesehen von den Rand-Restfiguren — kongruente Rechtecke benutzt. Der Beweis ist indirekt und arbeitet im Komplexen.

14. A. Pringsheim, Über den Goursatschen Beweis des Cauchyschen Integralsatzes. Trans. of the Amer. math. Soc. 2 (1901).

Bleibt insofern hinter Moore zurück, als er noch das Lemma beibehält, und gibt ganz nach Goursat nur mit gewissen, von ihm gewünschten Präzisierungen einen Beweis des Lemmas und des Cauchy-Goursatschen Satzes speziell für ein Dreieck.

15. L. Heffter, 1902. Siehe zu Kap. II.

Zurückführung des Integralsatzes auf ein achsenparalleles Rechteck und Übertragung des Mooreschen Beweises ins Reelle, wobei die Voraussetzung der Existenz von $f'(z)$ durch die der totalen Differenzierbarkeit der beiden Funktionen u und v und der Cauchy-Riemannschen Differentialgleichungen zwischen ihnen ersetzt werden mußte, der Beweis direkt geführt und weiter vereinfacht wurde. — In dieser Arbeit findet sich auch der erste Ausspruch des Cauchyschen Satzes, ohne Auftreten von Differentialquotienten, der später ergänzt und bewiesen wurde (s. unten 21.).

16. L. Heffter, Zum Beweis des Cauchy-Goursatschen Integralsatzes. Gött. Nachr. 1903, Heft 5.

Wiederholt den in der Arbeit 15. gegebenen Beweis, wobei nur die Zerschneidung in lauter kongruente Rechtecke statt wie dort in Quadrate erfolgt. — L. Heffter, Gött. Nachr. 1904, hebt hervor, daß man *zuerst* den Cauchyschen Satz für ein achsenparalleles Rechteck beweisen kann und damit eine Definition des bestimmten Integrals im zweidimensionalen Gebiet gewinnt, die von einem Integrationsweg von vornherein unabhängig ist. Dieser Gedanke wurde in der *hier* vorliegenden Schrift benutzt, um die Funktionentheorie nur mit Hilfe von *Treppen*integralen ohne den *allgemeinen* Begriff des Kurvenintegrals zu begründen.

17. A. Pringsheim, Der Cauchy-Goursatsche Integralsatz und seine Übertragung auf reelle Kurvenintegrale. Münch. Ber. 33 (1903), Heft 4.

Überträgt unter ausdrücklicher Betonung, daß es sich nur um eine Übertragung handelt, den unter 15. und 16. genannten Beweis, indem er statt von einem achsenparallelen Rechteck, das in immer kleinere Rechtecke zerschnitten wird, von einem beliebigen Dreieck ausgeht und dieses in immer kleinere Dreiecke zerlegt. Der Beweis ist dadurch weder kürzer noch gedanklich einfacher geworden als sein Vorbild.

Zu der allgemeinen Frage, ob als einfachste Figur, für die es genügt, den Integralsatz zu beweisen, und für deren Zerschneidung das *achsenparallele Rechteck* oder das *beliebige Dreieck* den Vorzug verdient, möge an dieser Stelle für das *Rechteck* eine Lanze eingelegt werden: 1. Die Rechtecksmethode erfordert keinerlei allgemeine Definition des Kurvenintegrals (siehe oben 16.), nicht einmal die für das Dreieck nötige Definition des Integrals längs einer beliebigen, gegen die Koordinatenachsen geneigten Geraden, so einfach das zu machen ist, sondern nur den Begriff einfacher reeller Integrale, die über ein x- oder ein y-Intervall erstreckt werden. — 2. Die achsenparallele, also spezielle Stellung des Rechtecks ist durch die komplexe Veränderliche $z = x + yi$, auf die es doch schließlich ankommt, *gegeben*. — 3. Die Rechtecksmethode ist in allen Fällen, wo mit Doppelintegralen oder Doppelsummen gearbeitet wird oder werden kann, *weitaus geeigneter* als die Dreiecksmethode. Der beste Beweis für diese Behauptung ist der Umstand, daß Pringsheim selbst, trotz seiner Vorliebe für das Dreieck, in der unter 19. zu nennenden Arbeit einen von Lichtenstein mit Doppelintegral für ein Dreieck geführten Beweis in den für ein Rechteck umgewandelt hat! — 4. Der einzige Satz, für dessen Beweis die Doppelintegral- oder Doppelsummenmethode *nicht* geeignet zu sein scheint, ist der Cauchy-Goursatsche, und für ihn ist der Rechteckbeweis ebenso einfach wie der Dreiecksbeweis (siehe oben). — 5. Die für unser hier erzieltes Hauptresultat wesentliche Umformung des Integralsatzes in eine Differenzengleichung oder in zwei solche ist nur bei einem achsenparallelen Rechteck möglich. — Zusammenfassend muß man also sagen: *Die Rechtecksmethode ist in allen andern Fällen zweckmäßiger als die Dreiecksmethode, für den Cauchy-Goursatschen Satz aber ebenso zweckmäßig.*

Wenn nun in der Enc. d. math. Wiss. II. C. 4. (1920) S. 385 L. Bieberbach schreibt: „Eine kaum noch zu überbietende klassische Einfachheit hat der Beweis des Hauptsatzes durch A. Pringsheim[7]) erhalten[8])“, so ist zunächst zu bemerken, daß dieser Ruhmeskranz mindestens an undeutlicher, um nicht zu sagen an falscher Stelle aufgehängt ist. Denn er kann sich jedenfalls *nicht* auf die unter [7]) zuerst genannte Abhandlung (oben 14.) beziehen, sondern höchstens auf die unter [8])[e]) ganz zuletzt aufgeführte (oben 17.). Da diese letztere aber, wie oben gesagt, und ihr Verfasser ausdrücklich betont, nur eine Übertragung des oben unter 15. und 16. erwähnten Beweises ist, so fällt vielleicht auch auf diesen Beweis ein kleiner Abglanz jenes strahlenden Ruhmeskranzes. Denn er hat *fast zwei Jahre früher den Pringsheimschen Beweis zwar nicht überboten, ist aber sein vor ihm nicht überbotenes Vorbild gewesen!*

18. L. Lichtenstein, Über einige Integrabilitätsbedingungen zweigliedriger Differentialausdrücke mit einer Anwendung auf den Cauchyschen Integralsatz. Sitz.-Ber. d. Berliner Math. Ges., Jahrgang IX (1910).

Der Integralsatz wird unter Benutzung von Doppelintegralen für ein Dreieck unter den Voraussetzungen bewiesen: In einem Bereich, dem das Dreieck angehört, ist für jedes x, y

$$\lim_{\delta \to 0} \left[\frac{g(x+\delta, y) - g(x, y)}{\delta} - \frac{f(x, y+\delta) - f(x, y)}{\delta} \right] = 0;$$

f und g sind dort überall stetig in beiden Variabeln; der Ausdruck [ ] ist für alle x, y des Bereichs und alle positiven δ beschränkt. Also ein neuer *Satz*. — Die Abhandlung enthält außerdem wertvolle Bemerkungen und Literaturangaben zum Cauchyschen Integralsatz.

19. A. Pringsheim, Kritisch-historische Bemerkungen zur Funktionentheorie III. Münch. Ber. 1929.

Überträgt den von Lichtenstein für einen auf ein Dreieck reduzierten Bereich mit Doppelintegralen geführten Beweis auf den für ein achsenparalleles *Rechteck* (siehe oben unter 17.).

20. L. Heffter, Über den Cauchyschen Integralsatz. Math. Z. 32 (1930) und 34 (1931).

Befreit den Beweis von Lichtenstein und Pringsheim (oben 18. 19.) von den Doppelintegralen und gelangt mit der Doppelsummenmethode zu demselben Resultat.

21. L. Heffter, Notwendige und hinreichende Bedingungen für den Cauchyschen Integralsatz ohne Benutzung von Differentialquotienten. Sitz.-Ber. d. Heidelb. Akad. 1932, 5. Abhandl.

Hier wird unter Ergänzung eines schon 1902 ausgesprochenen Satzes (siehe zu Kap. II) dieser mit der Doppelsummenmethode bewiesen.

22. H. Looman, Über die Cauchy-Riemannschen Differentialgleichungen. Gött. Nachr. (1923).

Der hier gegebene Beweis enthält bei an sich richtiger Methode eine Lücke, auf die J. Ridder, Math. Ann. 102 (1929) aufmerksam machte und die später von Menchoff ausgefüllt wurde. So entstand der Satz von Looman-Menchoff, dessen Beweis bei St. Saks, Théorie de l'integrale, Warschau 1933, S. 242–246, dargestellt ist. Er lautet: „Wenn die in einem offenen Gebiet G stetigen Funktionen $u(x,y)$ und $v(x,y)$ überall in G, abgesehen höchstens von einer abzählbaren Menge von Punkten, endliche partielle Differentialquotienten u_1, u_2, v_1, v_2 besitzen und überall in G, abgesehen höchstens von einer Punktmenge des Maßes Null, den Gleichungen $u_1 = v_2$, $u_2 = -v_1$ genügen, so ist $f(z) = u(x,y) + iv(x,y)$ analytisch in G.“ — Der Satz geht insofern über Goursat hinaus, als er von den Funktionen u und v nicht die totale, sondern nur die partielle Differenzierbarkeit fordert und außerdem die genannten Mengen von Ausnahmspunkten zuläßt. Den letzteren Umstand hat er vor unserer Untersuchung voraus. Er bleibt aber insofern hinter ihr zurück, als er überhaupt *Differenzierbarkeiten* und die Cauchy-Riemannschen Differentialgleichungen voraussetzt im Gegensatz zu der hier nur vorausgesetzten, viel weniger enthaltenden eindeutigen achsenparallelen *Integrierbarkeit*. — Nicht vorausgesetzt zu werden scheint die Existenz von u_1, u_2, v_1, v_2 außer bei unserm oder dem Moreraschen Weg und bei 21. überhaupt nur in den oben unter 8. (Mittag-Leffler) und 18. (Lichtenstein) genannten Abhandlungen. Aber auch dort wird nicht wie bei uns mit Gleichungen zwischen Differenzenquotienten *selbst* gearbeitet, sondern mit den *Grenzwerten* von Differenzen zwischen Differenzenquotienten. Dabei erfordert der von Lichtenstein sehr sorgfältig durchgeführte Beweis doch einen recht ansehnlichen Apparat! (Vgl. seine noch vereinfachte Darstellung in der oben unter 20. zitierten Arbeit von 1931.) Siehe endlich auch unten 24. und 25.

Mit ähnlichen Reduktionen der Voraussetzungen wie Looman-Menchoff hatten sich auch schon P. Montel, Sur les suites infinies de fonctions, Ann. d l'École Norm. Sup. (3) 24 (1907). Lichtenstein (oben 18.) und andere befaßt.

23. L. Heffter, Vom Cauchyschen Integralsatz zur Cauchyschen Integralformel. Journ. f. d. r. u. a. Math. 175 (1936).

Der Inhalt von Art. 33–35 *hier*.

24. K. Menger, On Cauchy's integral theorem in the real plane. Proc. Nat. Acad. of Sc. USA. 25 (1939).

Notwendige und hinreichende Bedingungen dafür, daß in einem Rechteck R das Integral $\int (f dx + g dy)$ unabhängig vom Weg ist. Auch hier treten keine partiellen Ableitungen von f und g auf. Um aber vom Cauchyschen Integralsatz zu der Cauchyschen Integralformel, d. h. zur Begründung der Funktionentheorie, zu gelangen, ist dann noch der Satz von Morera oder besser der Inhalt von Art. 33 und 34 *hier* erforderlich.

25. G. Fubini, On Cauchy's integral theorem and on the law of the mean for nonderivable functions. Proc. Nat. Acad. of Sc. USA. 26 (1940).

Knüpft an 24. an und stellt bei totaler Stetigkeit von f und g eine notwendige und hinreichende Bedingung für den Cauchyschen Integralsatz auf. Diese unterscheidet sich von unserer Differenzengleichung Art. 29 (30) wesentlich nur dadurch, daß bei Fubini die Existenz von Werten ξ und η vorausgesetzt wird, für die die Differenz der Differenzenquotienten, die bei uns den Wert *Null* hat, für hinlänglich kleine Rechtecke *beliebig klein* ist. — Im übrigen gilt auch hier die am Schluß zu 24. gemachte Bemerkung.

26. L. Heffter, Vereinfachte Begründung der Funktionentheorie. Jahresber. des D. M.-V. 1941.

Enthält das Schlußresultat der vorliegenden Schrift und seine kurze Begründung.

Zusammenfassend muß man sagen: Die Arbeiten, die die eindeutige Integrierbarkeit von $f(z)$ erst *beweisen* wollen, um den analytischen Charakter von $f(z)$ zu erkennen, werden um so komplizierter und schwieriger, je geringer die zugrunde gelegten Voraussetzungen sind. Das zeigt sich deutlich bei der Reihenfolge Cauchy – Goursat – Lichtenstein – Looman – Menchoff. Setzt man aber die eindeutige Integrierbarkeit voraus, also erheblich weniger als alle jene Voraussetzungen, so ist der Beweis, daß $f(z)$ analytisch ist, äußerst einfach.

Sachverzeichnis.

Die Zahlen geben die Seiten an.

MIX
Papier aus verantwortungsvollen Quellen
Paper from responsible sources
FSC® C105338

If you have any concerns about our products,
you can contact us on
ProductSafety@springernature.com

In case Publisher is established outside the EU,
the EU authorized representative is:
Springer Nature Customer Service Center GmbH
Europaplatz 3, 69115 Heidelberg, Germany

Printed by Libri Plureos GmbH
in Hamburg, Germany